Gerbiilifakta

Minttu Vettenterä

Tekstit ja kuvat   Minttu Vettenterä

Kustantaja: Books on Demand GmbH, Helsinki, Suomi

Valmistaja: Books on Demand GmbH, Norderstedt, Saksa

ISBN: 978-952-498-222-1

Aluksi - kirjoittajasta

Hei. Olen Minttu. Minulla on kaksi koiraa, kaksi degua, kaksi bushy tailed jirdiä, kaksi marsua ja pari kalaa akvaariossa. Niin – ja noin 30 gerbiiliä. Aikuisena, kolmen lapsen äitinä, olen hiukan liian vanha esittelemään itseni tähän tapaan, mutta tutustuessa tämäkin toki tulee ilmi. Siinä vaiheessa nousee väistämättä esiin kysymys: miksi? Jyrsijät mielletään lasten lemmikeiksi. Jos niitä sattuukin aikuisella olemaan, niin eikö kaksi gerbiiliä tai marsua olisi riittänyt?

Vastaukseksi yritän parhaani mukaan kertoa harrastuksestani gerbiilien parissa. Jos aloitan vuonna 1997 alkaneesta gerbiilikasvatuksesta, joudun nopeasti kuvailemaan, ettei kyse ole vain satunnaisten urosten ja naaraiden asumisesta yhdessä. Ei, ei. Urokset ja naaraat eivät asu yhdessä pitkiä aikoja, jos asuvat ollenkaan. Parit valitaan tarkkaan tavoitteena kasvattaa mahdollisimman hyviä lemmikkejä ja rotumääritelmää vastaavia eläimiä.

Tässä vaiheessa onkin hyvä kysyä, että mikä on rotumääritelmä ja mitä sillä tehdään? Gerbiiliä verrataan rotumääritelmään näyttelyissä. Silloin voidaankin jo pyöritellä silmiä. Onko niillä näyttelyitäkin? Moni keskivertotuttu voi ajatella kuulleensa jo tarpeeksi, mutta kun ihmiseltä kysyy tämän intohimosta, on jo liian myöhäistä. Niinpä kerron opiskelleeni pitkään gerbiilien viralliseksi tuomariksi, toimineeni aktiivisesti Suomen Gerbiiliyhdistyksessä mm. hallituksessa, jalostusneuvojana, lehden päätoimittajana ja vastannut yhdistyksen neuvontapuhelimeen.

Kaikesta tästä on lähtöisin tämä kirja. Siitä lähtien, kun harrastukseni aloitin, on gerbiilin ystävien keskuudessa ollut selvä kirjan tarve. Kirjan, joka käsittelisi gerbiilien hoitoa, kasvatusta ja harrastamista suomalaisesta näkökulmasta, juuri niillä tavoilla, jotka meillä Suomessa on hyväksi havaittu. Valitettavasti aloitteleva harrastaja törmää usein "vääriin faktoihin", jotka elävät ja rehottavat vuodesta toiseen.

Tähän kirjaan olen halunnut koota sen tiedon ja kokemuksen, joka minulla on gerbiileistä. Jossain kohdin olen käyttänyt apuna Suomen suurinta gerbiiliaiheista internetfoorumia gerbiili.infoa (www.gerbiili.info), jossa valvojana olen nähnyt, millaisten kysymysten eteen gerbiilien omistaja useimmiten joutuu. Tämän kirjan tiedoista iso kiitos kuuluu kaikille Suomen aktiivisille gerbiiliharrastajille, jotka ovat jakaneet kanssani kokemuksiaan kaikki nämä vuodet.

Somerolla 8.9.2009

Minttu Vettenterä
– minttis / Hobitinkolon Gerbiilit

Sisällysluettelo

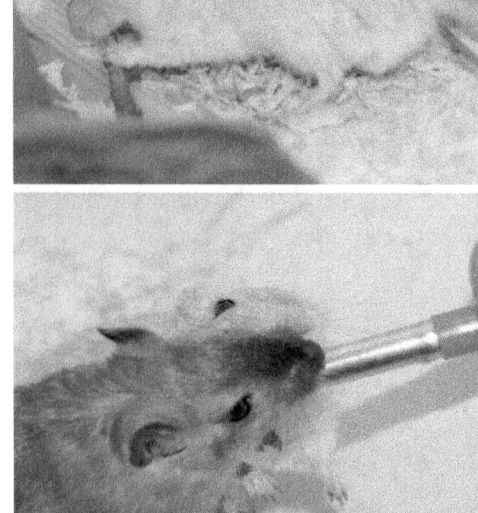

Ensimmäinen osa:
Gerbiilien perushoito

Gerbiili

Gerbiili on ihastuttava pikkujyrsijä, joka on vakiinnuttanut paikkansa suosituimpien lemmikkijyrsijöiden joukossa, eikä ihme: gerbiilit ovat pieniä ja söpöjä. Ne kesyyntyvät helposti, ovat helppohoitoisia ja melkein hajuttomia. Gerbiilin puuhakas ja utelias luonne on hurmannut monet pienet ja isot. Niitä on mukava käsitellä ja pikkuotusten puuhia seuratessa kuluu aika kuin siivillä. Hyvin harvalla ne ensimmäiset gerbiilit jäävät viimeisiksi, niin hurmaavia otuksia ne ovat. Varo siis, näihin tupsuhäntiin jää koukkuun!

Mongolian aroilta kotoisin olevan gerbiilin tie lemmikiksi on ollut pitkä. Gerbiilit löysi ranskalainen lähetyssaarnaaja Pere Armand David vuonna 1897. Hän lähetti eläimiä Luonnontieteelliseen museoon Pariisiin Henri Milne-Edwardsille. Milne-Edwards antoi niille nimen Meriones Unguiculatus, joka tarkoittaa pientä kynnellistä soturia. Katsellessa takajaloillaan seisovaa, uteliaana ympäristöään tarkkailevaa gerbiiliä, on helppo kuvitella, mistä se on nimensä saanut. Lemmikkigerbiilin luonnetta nimi ei kuitenkaan voisi paljon huonommin kuvailla. Ihmisiin tottunut gerbiili on ihana lemmikki, josta taistelijaluonnetta saa hakea. Gerbiilien maailmanvaltaus ei kuitenkaan alkanut vielä Ranskan matkalta. Vuonna 1935 japanilainen Kasugo pyydysti kaksikymmentä pariskuntaa. Näiden jälkeläisiä vietiin vuonna 1954 U.S.A:han. Euroopan valloitus alkoi 1964 Iso-Britaniasta, josta gerbiilit ovat levinneet yli Euroopan. Suomeen gerbiilit saapuivat 1970-luvun alkupuolella.

Gerbiilien yleistymisen myötä on myös harrastustoiminta lajin ympärillä kehittynyt ja laajentunut. Nykyisin ympäri maailmaa toimii useita gerbiiliyhdistyksiä, jotka järjestävät mm. näyttelyitä. Suomalainen gerbiiliharrastus alkoi jo 1980-luvun lopulla Suomen Jyrsijäliiton alaisena. Alkuun gerbiilit kuuluivat kesyrottayhdistykseen alajaoksena. Vuonna 1992 perustettiin viimein Suomen Mongolian Gerbiiliyhdistys ry. Nykyinen nimi Suomen Gerbiiliyhdistys ry. virallistettiin vuonna 2001.

Perustietoa gerbiileistä

Tämä kirja sisältää paljon gerbiilien perushoitoon liittyvää tietoa, jota jokainen gerbiilinomistaja tarvitsee; ruokinta, tarvikkeet ja käsittely sekä paljon muuta. Koskaan ei voi painottaa tarpeeksi sitä, että gerbiili on laumaeläin. Vaikka jossain kohdin puhuttaisiin gerbiilistä yksikössä, niitä tulisi aina olla vähintään kaksi. Lemmikkigerbiilejä tulisi ostaa kaksi urosta tai kaksi naarasta. Myös isommat laumat tulevat kyseeseen, mutta näistä lisää myöhemmin.

Gerbiili on helppo lemmikki. Se sopii varmasti useimmille. Aina on tietysti hyvä kysyä itseltään mitä eläimeltä haluaa. Jos tahtoo lemmikin, joka viihtyy sylissä rapsuteltavana ja paijattavana, gerbiili ei välttämättä ole oikea valinta. Gerbiilit ovat vilkkaita, puuhakkaita ja uteliaita eläimiä, jotka tarjoavat omistajalleen paljon hupia, jos niiden puuhia tahtoo seurailla sivusta. Totta kai gerbiilejä voi myös käsitellä ja pitää sylissä, mutta varsinaiseksi sylittelylemmikiksi esimerkiksi rotat tai marsut ovat sopivampia.

Gerbiilin keski-ikä on 2,5-3,5 vuotta, jotkin yksilöt saattavat elää pidempäänkin. Miltä tuntuu olla vastuussa elävästä eläimestä nuo vuodet? Gerbiili on helppo lemmikki, mutta vaatii kuitenkin aikaa, rahaa, vaivaa ja huolenpitoa.

Mitä mieltä perheenjäsenet ovat gerbiilistä? Aikuinen voi kantaa kotiinsa niin paljon eläimiä kuin haluaa. Aina tulisi ottaa huomioon myös muiden perheenjäsenten mielipiteet. Perheessä, jossa muut vastustavat eläinten ottamista, voi kehkeytyä hankalia tilanteita. Eteenkin jos kyse on lapsen lemmikistä, josta vanhemmat eivät välitä. Alaikäinen voi hoitaa eläimensä todella hyvin, mutta vastuu lemmikistä on aina huoltajalla. Kaikki voi mennä hyvin, mutta entä jos lemmikki sairastuu? Eläimen on saatava tarvitsemaansa hoitoa ja se voi olla kallista. Valitettavan usein vanhemmat, jotka ovat suhtautuneet vastentahtoisesti eläimen hankintaan, ajattelevat, että on halvempaa ostaa uusi kuin hoitaa vanha. Tämä ei kuitenkaan ole yhdenkään elävän eläimen arvon mukaista.

Entä eläimen tarvitsemat olosuhteet? Halvalta vaikuttavasta lemmikistä voi koitua suuria kustannuksia, kun ostetaan tarpeeksi iso terraario ja kaikki tarvikkeet. Loppujen lopuksi gerbiilin pitäminen on varsin halpaa (jos se ei satu sairastumaan). Kaksi tai kolme gerbiiliä syövät hyvin vähän, ja purujakin joutuu vaihtamaan vain kerran 3-4:ssä viikossa.

Entä lomahoito? Kuka hoitaa eläimiä matkojen ajan? Tähän kysymykseen yleensä löytyy ratkaisu, mutta mieti asiaa etukäteen niin se ei tule eteen ensimmäisen loman ollessa ajankohtainen.

Vääriä väittämiä gerbiileistä

Gerbiilejä hankkiessa tulisi kerätä mahdollisimman paljon tietoa gerbiileistä. Joskus voi törmätä ristiriitaisiin väitteisiin, ja olisikin tärkeää ymmärtää, ettei kaikki saatavilla oleva tieto aina ole oikeaa. Seuraavaksi väitteitä, jotka tuntuvat elävän voimakkaina vuodesta toiseen.

Gerbiiliurokset tappelevat

Tämä on yleisimpiä luuloja, joiden mukaan naaraita tulisi ottaa kaksi, uros yksittäin. Todellisuudessa uroksia voi pitää ihan yhtä hyvin laumoissa kuin naaraitakin. Itse asiassa urokset hyväksyvät yleensä uudet poikaset seurakseen helpommin kuin naaraat. Myös gerbiiliuros on laumaeläin ja tarvitsee seuraa.

Gerbiileille sopiva asumus on häkki

Älä mene tähän halpaan. Gerbiilin ihanneasumus on terraario, eli lasinen tai muovinen läpinäkyvä laatikko, jossa on verkkokansi. Gerbiilit ovat hyppymyyriä, jotka tykkäävät kaivaa ja tehdä tunneleita. Häkissä kaikki purut lentävät pitkin poikin huonetta, eikä tunnelien teko onnistu. Lisäksi gerbiilit ovat melko kömpelöitä otuksia verrattuna esimerkiksi hiiriin, eivätkä nauti samalla tavalla kiipeilystä. Sen sijaan gerbiilit voivat innostua nakertamaan häkin kaltereita, josta pahimpana seurauksena on kuonon tulehtuminen eli nokkatauti.

Gerbiilisisarukset eivät tee poikasia

Gerbiili ei tee sen kummempaa eroa lisääntymiskäyttäytymisessään siinä, onko toista sukupuolta oleva kaveri sen isä, veli, täti tai serkku. Jos samaan terraarioon ottaa uroksen ja naaraan, poikasia tulee luultavasti ennemmin tai myöhemmin. Jos otat luovutusikäisen uroksen ja naaraan tulet luultavimmin saamaan poikasten lisäksi harmia ja murhetta. Naaraan oma kehitys kärsii liian aikaisesta poikasten saamisesta ja jatkuva lisääntyminen on aina riski sen terveydelle. Sisaruspareissa sisäsiittoisuus voi tuoda mukanaan muita ongelmia.

Naaraspari on luonnoton yhdistelmä

Väitteen mukaan urokset tappelevat, ja ainoa tapa pitää laumaeläimiä on ottaa uros ja naaras. Gerbiilin olosuhteet terraariossa ovat hyvin kaukana sen oikeasta elinympäristöstä, ja siksi laumassa on mahdotonta lähteä jäljittelemään niiden luonnollisia tapoja. Urokset ja naaraat viihtyvät hyvin oman sukupuolensa edustajien kanssa. Pidemmällä aikavälillä luultavasti jopa paremmin kuin urosnaaras-pari, jossa ennemmin tai myöhemmin tulee jatkuvan poikasten saannin vuoksi ongelmia.

Gerbiili ei sovi lapselle lemmikiksi, koska se puree

Kyllä, gerbiili voi purra, jos se ei ole tottunut ihmisiin tai sitä on kohdeltu huonosti. Gerbiili voi purra myös, jos sitä käsittelee niin, että se pelkää tai siihen sattuu. Eläin, joka on poikasesta asti saanut kontaktin ihmisiin, jota ei ole sen kummemmin laiminlyöty ja jota osataan käsitellä oikein, ei yleensä pure.

Kasvattajalta ostettu gerbiili maksaa paljon

Vuonna 2009 kasvattajalta ostettu gerbiili maksoi keskimäärin 15-20e. Eläinkauppojen hintahaitari on ollut n. 8-30e. Viralliselta Suomen Kani- ja jyrsijäliiton hyväksymältä kasvattajalta ostettu gerbiili on useimmiten rekisteröity ja mukaan saa sukutaulun. Rekisteröinnistä löydät lisää sivulta 54.

Gerbiilit eivät aiheuta allergiaa / Gerbiilit ovat pahiten allergisoivia jyrsijöitä

Kumpaakin väitettä kuulee, mutta kumpikaan ei pidä paikkansa. Missään tapauksessa gerbiilit eivät ole eniten allergisoivia jyrsijöitä, ja monet allergikot ovat pitäneet onnistuneesti gerbiilejä. Suurimman ongelman gerbiilien kanssa usein aiheuttaakin puupöly, eivät gerbiilit. Puupölyongelmaa voi yrittää hoitaa käyttämällä kuivikkeena haapahaketta. Jos sinulla on todettu eläinallergiaa ja mietit gerbiilien hankkimista, kannattaa kysellä voisitko saada jostain gerbiilit hoitoon muutamaksi viikoksi, jolloin voisit testata tuleeko niistä ongelmia. Kasvattajan kanssa saa usein sovittua, että gerbiilit tulevat koeajalle ja jos allergiaoireita ilmenee, eläimet saa palauttaa.

Urokset haisevat enemmän kuin naaraat

Todellisuudessa gerbiilit ovat melko hajuttomia. Toki niidenkin terraarion saa haisemaan, jos sitä ei siivoa tarpeeksi usein. Jos kysellään gerbiilien omistajilta kummat haisevat enemmän, yleensä noin puolet vastaajista sanoo urokset ja toinen puoli naaraat.

Vaikuttaisikin siltä, että gerbiilien välillä voi olla yksilöllisiä eroja sukupuolesta riippumatta. Tämä kuitenkin yleensä selittyy enemmänkin gerbiilien käyttäytymisellä. Jos gerbiili käyttää esimerkiksi puisen pesäkopin kattoa, tasoa tai yhtä nurkkaa jatkuvasti tarpeidensa tekoon, terraario haisee nopeammin. Gerbiilin pissaillessa tasaisesti purujen joukkoon, hajut pysyvät paremmin kurissa.

Gerbiili tarvitsee juoksupyörän (tai ainakin se olisi hyvä olla)

Gerbiili ei tarvitse juoksupyörää. Itse asiassa suuri osa malleista on gerbiileille jopa vaarallisia. Yleisimmät juoksupyörät ovat avoimia, metallisia pyöriä. Näissä vaarana on, että gerbiili satuttaa tassunsa tai häntänsä pinnojen väleissä. Lisäksi pyörän tukipinnat muodostavat helposti melkoisen giljotiinin gerbiilille, joka toisen eläimen juostessa pyrkii juoksupyörään. Useimmat umpinaiset juoksupyörät ovat muovia, eivätkä tämän vuoksi ole suositeltavia gerbiileille. Gerbiilit yleensä nakertavat muovia, ja muovinpalat voivat nieltynä aiheuttaa suolistotukoksen tai –vaurioita. Jos sattuu löytämään turvallisen juoksupyörän, voi

sen antaa gerbiileille, mutta mitenkään välttämätöntä se ei ole.

Jokin väri on rauhallisempi / terveempi kuin muut

Värikohtaisia legendoja liikkuu ajoittain. Yleisesti ottaen tällaisia eroja ei ole. On tietysti olemassa kasvatuslinjakohtaisia eroja, jolloin suuri osa tietyn värin edustajia saattaa omata joitain ominaisuuksia. Tämä ei varsinaisesti liity kyseiseen väriin vaan sen hetkiseen kasvatustilanteeseen.

Mitä gerbiili tarvitsee?

Ennen gerbiilien ostamista olisi hyvä hankkia tarvikkeet ja sisustaa terraario. Näin gerbiilit eivät joudu turhaan odottelemaan sillä välin, kun valmistelet terraariota vaan pääsevät suoraan tutustumaan uuteen kotiinsa. Seuraavassa pohditaan minkälainen terraario olisi hyvä ja mitä gerbiili tarvitsee.

Terraario

Terraarion koko

Gerbiilille hyvä asumus on terraario. Terraarioksi kelpaa hyvin vaikka vanha akvaario. Eläinkaupoista löytyy myös erilaisia terraariovaihtoehtoja. Joskus voi olla helpointa teettää tai tehdä itse juuri sopiva asumus eläimille. Tärkeintä terraariossa on se, että siinä on riittävästi tilaa. Eläinsuojelulaki velvoittaa, että gerbiilin asumuksessa tulisi olla vähintään 0,12m2 pohjapinta-alaa 1-2 eläimellä ja tämän jälkeen 0,06m2 per eläin. Korkeuden tulisi olla vähintään 30cm. Tämä tarkoittaa, että yhden ja kahden gerbiilin terraarion minimikoko on sama. Nämä annetut mitat ovat kuitenkin vain vähimmäisvaatimuksia. Mitä isompi terraariosi on, sitä paremmin gerbiilisi viihtyvät. Yleensä pidetään hyvänä sääntönä kertoa minimimitat kahdella, jolloin gerbiileillä on jo mukavasti tilaa. Netistä löytyy terraario-laskureita, jotka laskevat montako gerbiiliä terraarioon mahtuu. Nämä laskurit kuitenkin yleensä laskevat sen eläinsuojelulain ehdottomien minimimittojen mukaan. Olisi paljon parempi, jos eläimille voisi tarjota enemmän tilaa.

Akvaario-tyyppinen terraario vai duna?

Duna on itseasiassa terraariomerkki, mutta yleisesti puhutaan dunista, kun tarkoitetaan muovisia valmisterrariota, jossa on värillinen pohjalaatikko ja läpinäkyvä yläosa ritiläkannella. Dunalla on hyvät ja huonot puolensa. Koska duna on muovia, gerbiilit saattavat nakertaa sitä. Dunan juomapullon aukko ja kiinnikkeet mahdollistavat nakertamisen.

Dunassa ongelmallista on myös mataluus. Jotkin pienimmät dunat ovat jo eläinsuojelulain mittojen mukaan liian matalia. Vähän korkeampaankaan ei saa tarpeeksi purua, koska juomapullo tulee liian alas.

Dunat ovat erittäin kevyitä, helppoja siirrellä ja niiden siivous on nopeaa. Duna on myös helppo purkaa ja vie vähemmän tilaa, jos sen haluaa kuljettaa esimerkiksi mökille. Duna onkin mitä mainioin loma- tai karanteeniasumus.

Akvaario-tyyppistä terraariota gerbiilit eivät pysty nakertamaan, koko vaihtoehtoja on enemmän ja purua mahtuu runsaammin. Lasiset terraariot ovat kuitenkin usein raskaita liikutella ja valmiita pleksiterraarioita ei tahdo löytyä. Terraarion kannen tulisi olla verkkoa, jossa on riittävän pieni silmäkoko. Kansi on helppo tehdä itse. Verkkoa löytyy rautakaupoista. Akvaarioiden lasikattoa ei gerbiiliterraariossa tule käyttää huonon ilmanvaihdon vuoksi. Myös reikäpelti on usein liian tiivis.

Lasia vai muovia?

Kuten dunan kohdalla todettiin, muovi on kätevämpää, koska se on kevyttä. Toisaalta muovissa on aina järsimisvaara. Tasaseinäisestä muovilaatikosta ei gerbiileille tarjoudu paikkaa aloittaa jyrsiminen. Itselläni on ollut käytössä pleksistä valmistetut terraariot kymmenisen vuotta, eikä ainuttakaan ole nakerrettu. Pleksiin kyllä kuluu naarmuja niille kohdin, joissa gerbiilit kaivavat. Haitta on pleksin etuihin verrattuna kuitenkin erittäin pieni.

Lasi on puolestaan kestävä materiaali niin pitkään, kun sitä ei kolhi. Terraariota ei kuitenkaan tarvitse paljon siirrellä ja tämän kaltaisia vahinkoja sattuu harvoin. Jokainen varmasti ymmärtää, että lasiesinettä siirrettäessä tulee olla varovainen.

Terraarion sijainti

Terraarion paikka tulee valita huolella. Makuuhuoneessa puuhakkaat gerbiilit saattavat yöaikaan aiheuttaa sen verran ääniä, että herkkäunisempi voi häiriintyä. Tällöin terraario olisi syytä sijoittaa muualle. Lisäksi allergiaan taipuvaisilla puupöly makuuhuoneessa saattaa pahentaa allergiaoireita. Terraario ei saisi olla ikkunan edessä siitä tulevan vedon ja suoran auringonpaisteen vuoksi. Vedon takia terraariota ei tulisi sijoittaa lattialle.

Kuivikkeet

Valittuasi gerbiileille sopivan terraarion, on aika miettiä miten se sisustetaan. Gerbiilit pitävät paljon kaivelusta ja onnellisin gerbiili on varmasti se, joka saa kaivaa itselleen tunneleita ja pesäkoloja (joskaan kaikki eivät niissä viihdy). Seuraavassa esitellään kaksi yleisintä kuiviketta ja käydään läpi niiden hyviä ja huonoja puolia.

Kutterinpuru on pääsääntöisesti paras peruskuivike. Moni mieltää sen sahanpuruksi, mutta jos menet pyytämään sahalta sahanpurua saat pelkkää puujauhoa. Hyvänlaatuinen kutterinpuru on isolastuista eikä pölise paljon. Kutterinpuruun gerbiilit voivat kaivella tunneleita, mutta ne pysyvät vähän kehnonlaisesti kasassa. Siksi suositellaan, että kutterin joukkoon sekoitetaan myös jotain muuta, kuten ekokuitua, heinää, talous- tai vessapaperia.

Toinen yleisesti käytetty kuivike on haapahake, jota saa eläinkaupoista. Hake soveltuu hyvin kuivikkeeksi siinä tapauksessa, että joko omistaja tai gerbiili itse on yliherkkä puupölylle. Haapahake ei pölise juurikaan, mutta siinä on joidenkin mielestä vahva ominaishaju. Gerbiilit eivät pysty tekemään tunneleita hakkeeseen, eikä se ime gerbiilin pissaa itseensä yhtä hyvin kuin puru ja alkaa siis haista nopeammin.

Kuivikkeisiin voi sekoittaa esim.
-WC- tai talouspaperia. Gerbiilit silppuavat ja rakentavat paperista itselleen pehmoisen pesän.
-Heinä. Käy myös virikkeestä, gerbiilit silppuavat ja kelpaa pesän pehmikkeeksi.
-Ekokuitu. Ekokuitu on nauhamaista puukuitua, joka puruun sekoitettuna pitää tunneleita hyvin koossa. Ekokuitua on saatavilla eläinkaupoista. Ekokuitua ei tule käyttää ihan pienillä poikasilla, koska kuidut voivat tassun ympärille kiertyessään aiheuttaa tulehduksia tai jopa kuolion.
-Pahvi. Kaikki gerbiileille nakerrettavaksi annettu pahvi päätyy ennemmin tai myöhemmin silppuna muun kuivikkeen sekaan. Se helpottaa myös tunnelien tekoa. Pahvista tulee luonnollisesti irrottaa niitit ja muut haitalliset osat pois. Muro- yms. paketteja saa antaa värjäyksestä huolimatta. Sen sijaan maito yms. nestepakkaukset ovat kiellettyjä pinnoitteensa vuoksi.

Jotkut ovat koettaneet gerbiileillään myös erilaisia puupelletti ja turvesekoitteita. Puupelletti yksinään on aika huono kuivike, koska siihen ei voi kaivaa tunneleita. Turvetta toiset kehuvat, toisten mielestä se ainakin kuivuttuaan (pakkauksessa hivenen kosteaa) pölisee liikaa. Hiekasta ei missään nimessä ole gerbiilien pohjamateriaaliksi. Siihen ei pysty kaivamaan tunneleita ja useimmiten se pölisee aivan liikaa. Hiekkaa kuivikkeena ei pidä sekoittaa hiekkakylpyihin eli pieneen määrään erityistä kylpyhiekkaa, jossa gerbiili ei joudu jatkuvasti oleskelemaan.

Ruokakuppi ja juomapullo

Gerbiili tarvitsee juomapullon. Näitä on saatavilla eläinkaupoissa. Joskus käytetään vesikuppia, mutta useimmissa tapauksissa ne ovat äärimmäisen epäkäytännöllisiä. Gerbiilit täyttävät kupit purulla, eikä vesi pysy puhtaana. Vesi tulisi vaihtaa vähintään joka toinen päivä, jotta eläimillä olisi jatku-

vasti tarjolla raikasta ja hyvälaatuista vettä.

VINKKI: Juomapullon kiinnittäminen terraarioon voi joskus vaatia hiukan askartelua. Etenkin, jos juomapullon käyttäjät ovat aktiivisia n a k e r t a j i a. Osassa juomapulloista on päällä muovikiinnike, josta voi pujottaa rautalangan ja ripustaa siitä pullon terraarion kattoverkkoon roikkumaan. Jos juomapullossasi ei tällaista kiinnitysmahdollisuutta ole, voi rautalangan kiinnittää pulloon esim. kietomalla rautalankaa pullon suun ympärille. Jotkut käyttävät myös akvaariomagneetteja pullon kiinnitykseen. Toinen puolisko magneetista vain pulloon kiinni, toinen terraarion seinän ulkopuolelle. Jos gerbiilit innostuvat nakertamaan pulloa rikki voi sitä suojata esim. tyhjällä metallisella juomatölkillä tai verkosta tehtävällä suojalla. Joistain eläinkaupoista löytyy myös lasisia juomapulloja, jollainen kannattaa hankkia, jos gerbiilit nakertelevat jatkuvasti pullonsa rikki.

Kuivaruokaa gerbiilillä tulee aina olla saatavilla ja useimpien mielestä se on helpointa tarjota ruokakupista. Kupin gerbiilit usein peittävät puruilla, mutta siitä ei kannata huolestua. Nälän yllättäessä gerbiili kyllä osaa kaivella ruokansa purujen alta.

Ruokakupin voi myös nostaa tasolle pois purujen seasta tai kuivaruuan voi ripotella purun sekaan. Ruuan etsiminen aktivoi ger-

biiliä. Ainakin alkuun tällä menetelmällä on kuitenkin hyvin vaikeaa arvioida kuinka paljon omat gerbiilit syövät. Gerbiileille on hyvä varata toinen kuppi tuoreruuan tarjoamista varten. Tuoreruokaa käsitellään sivulla 19. Suola- ja mineraalikivet ovat gerbiileille turhia. Kalkkikivi on hyvä eteenkin kantaville ja imettäville naaraille, sekä kasvaville nuorille.

Pesäkoppi

Gerbiileille on hyvä olla jonkunlainen pesäkolo, johon ne voivat vetäytyä piiloon. Tämä kolo voi olla puinen pesäkoppi, jonkinlainen eläinkaupasta saatava keraaminen pesäkolo tai vaikka kukkaruukku, jossa on sivuun tehty reikä tai ruukku on asetettu kyljelleen purujen alle. Pesää varten gerbiilille tarjotaan esim. WC- tai talouspaperia tai heinää. Pesävillat ja pumpulit kannattaa ihanasta pehmeydestään huolimatta unohtaa. Ne voivat nieltynä aiheuttaa suolistotukoksen ja niistä saattaa irrota säikeitä, jotka tassun ympärille kiertyneenä voivat aiheuttaa tulehduksia tai jopa kuolion.

Virikkeet

Terraario tulisi olla sisustettu mahdollisimman monipuolisesti: paljon kuivikkeita, tasoja, erilaisia piilopaikkoja, paljon jyrsittävää jne. Virikkeistä, niin kuin kaikista muistakin gerbiilin tavaroista (juomapulloa lukuunottamatta), tulee muistaa, etteivät ne saa olla muovia. Gerbiilit nakertavat muoviset osat rikki nopeasti ja palat voivat nieltynä aiheuttaa pahoja ongelmia. Useissa eläinkaupoissa gerbiilien mukaan tarjotaan myös juoksupyörää. Se on gerbiileille turha ja osa malleista on jopa vaarallisia. Tarkempaa tietoa virikkeistä löytyy virike-luvusta sivulta 36.

Kuljetusboksi

Kuljetusboksi on hyvä hankkia jo ennen gerbiilien ostamista. Näin gerbiilit kulkevat siinä jo ensimmäisen matkansa eläinkaupasta tai kasvattajalta uuteen kotiin. Kuljetus-

boksissa eläimet kulkevat jatkossa loma-
reissuille, hoitopaikkaan tai eläinlääkärille.
Lisäksi voit laittaa gerbiilit siihen siivotes-
sasi terraariota tai pitää boksia gerbiilien
kylpyastiana peittämällä pohjan kylpy-
hiekalla.

Kylpyhiekka

Eläinkaupoista saa chinchilloille suunnitel-
tua kylpyhiekkaa, jossa gerbiilit mielellään
kieriskelevät ja näin pitävät turkkinsa puh-
taana. Hiekkakylvyt ovat gerbiileille niin
tärkeitä, että ne on mainittu eläinsuojelu-
laissa välttämättömiksi.

Nyt koti on valmis ottamaan gerbiilit vas-
taan, voimme siirtyä seuraavaan lukuun.

Gerbiili tulee taloon

Mistä gerbiilejä?
Saatat tuntea jonkun, jolla on gerbiilin poikasia. Tällöin ongelma on helposti ratkaistu. Muuten joudut miettimään, ostatko gerbiilit eläinkaupasta, kasvattajalta, vaiko esim. lehti-ilmoituksen perusteella. Se, mitä odotat gerbiililtäsi, vaikuttaa siihen, mistä eläin kannattaa ostaa.

Eläinkauppa
Gerbiili on niin yleinen jyrsijä, että niitä on saatavilla useimmissa eläinkaupoissa. Eläinkauppoja taas löytyy vähänkin isommista kaupungeista. Eläinkaupasta eläintä ostettaessa isona plussana on helppous ja nopeus. Riittää kun kävelee eläinkauppaan ja ostaa lemmikit. Samalla tietysti saa ostettua asumuksen, tarvikkeet, ruuat jne, vaikka ne tulisikin olla hankittuina jo ennen eläimiä. Kannattaa muistaa, ettei kaikissa eläinkaupoissa aina tunneta kaikkien lajien hoitoa ja tarpeita yksityiskohtaisesti.

Kasvattaja
Kasvattajalta ostettaessa joutuu näkemään hieman enemmän vaivaa. Kasvattaja ei välttämättä asu aivan naapurissa. Lisäksi kasvattajat eivät ole mitään gerbiilien tuotantolaitoksia, joten eläimiä ei välttämättä olekaan juuri sillä hetkellä saatavilla ja niitä joutuu odottamaan.

Toisaalta kasvattajalta ostamisessa on paljon hyviä puolia. Pystyy paremmin valitsemaan juuri haluamansa väriset eläimet. Voi olla varma, että kasvattaja tunnistaa sukupuolet. Kasvattajat usein tuntevat omaa kasvatuslinjaansa ja voivat kertoa mahdollisista suvussa esiintyvistä sairauksista ja vanhempien terveydentilasta. Voi hyvin päästä näkemään poikasten vanhemmat. Sukutaulu kertoo, etteivät lemmikin vanhemmat ole liian läheistä sukua keskenään.

Kasvattajat auttavat mielellään gerbiilien kanssa jatkossa. Useimmat kasvattajat tarjoavat kasvattamalleen eläimelle elinikäisen "tuotetuen", jolloin on aina olemassa numero johon soittaa, jos jotain ongelmia tai kysymyksiä ilmenee. Myös mahdollisen allergian iskiessä kasvattajat ovat yleensä valmiita ottamaan kasvattinsa takaisin. Usein kasvattajilta ostetut eläimet ovat myös tottuneempia käsittelyyn, koska kasvattajalla on enemmän aikaa yksittäisille eläimille. Suomen gerbiiliyhdistyksen kotisivuilta löytyy kasvattajalista, jonne on kerätty kaikkien virallisten gerbiilikasvattajien tiedot. Lista löytyy osoitteesta: http://www.gerbiiliyhdistys.fi/yhdistys/kasvattajat.html. Kasvattajat myyvät poikasia usein näyttelyjen yhteydessä.

Lehti-ilmoitus
Lehdissä ja kauppojen ilmoitustaululla näkee jonkin verran ilmoituksia, joissa myydään gerbiilejä. Tätäkin kautta voit saada itsellesi oikein mukavat pikku lemmikit. Kysele kuitenkin myyjältä eläimistä, niiden alkuperästä ja vaikka hänen harrastuksestaan. Älä tue poikastehdasta, jossa naaraalla teetetään kerta toisensa jälkeen aina vain uusia ja uusia poikasia, koska se innostaa myyjää vain jatkamaan toimintaansa.

Gerbiilien valinta
Gerbilejä hankkiessa voi olla tiettyjä toivomuksia. Voidaan haluta jonkin tietyn värisiä yksilöitä tai, että eläimet ovat erivärisiä. Ostajalla saattaa olla mielessä ajatus uroksista tai naaraista ja siitä minkä ikäisiä gerbiilien tulisi olla.

Väritoiveet
Gerbiilivärejä on olemassa niin monia, että jokaiselle löytyy varmasti se mieluinen. Usein tietty väritoive kuitenkin tarkoittaa sitä, että saatat joutua kyselemään enemmänkin kyseistä väriä olevan yksilön perään ja odottamaan, että sopiva eläin edes syntyy – puhumattakaan, että se on luovu-

tusiässä. Tästä syystä lemmikinostajan kannattaa miettiä tarkkaan miten ison painoarvon antaa väritoiveelle ja olisiko mahdollisesti olemassa jonkinlaista kakkosvaihtoehtoa, jos ensimmäistä ei tahdokaan löytyä.

Uroksia vai naaraita

Uroksissa ja naaraissa ei juurikaan lemmikkinä ole eroa ja kahden gerbiilin omistajalle onkin sama kumpaa sukupuolta eläimet ovat. Jos haluaa pitää isompaa laumaa, urokset ovat useimmiten varmempi ratkaisu, koska uroslaumaan uuden jäsenen totuttaminen käy yleensä helpommin. Luonteissa ei juurikaan ole eroja. Naaraat ovat ehkä vähän vilkkaampia kuin urokset, mutta yksilöitä löytyy kummastakin sukupuolesta.

Aikuisia vai poikasia

Useimmat haluavat gerbiilinsä ihan pienenä poikasena. Näin omistaja saa viettää lemmikkinsä kanssa melkein koko sen eliniän ja seurata kasvua ja kehitystä. Luovutusikäiset poikaset voivat kuitenkin olla melkoisia vilistäjiä. Ja etenkin lapsen, joka ei ole tottunut pieniin eläimiin voi olla vaikea käsitellä niitä. Tästä syystä joskus on hyvä miettiä vähän vanhemman gerbiilin ostoa. Jo esimerkiksi kolme kuukautta vanhat eläimet, ovat yleensä ihan toisella tavalla tottuneet käsittelyyn ja päässeet "kirppuiästä". Kirppuikäiset gerbiilinpoi-

kaset ovat vaikeampia käsitellä äkkinäisten säntäilyjen ja hyppyjen vuoksi. Jotkin kasvattajat tarjoavat hyviin koteihin myös vanhempia eläimiä, joita ei enää käytetä kasvatukseen.

Sukupuolen tarkistaminen

Jos et ole aikaisemmin käsitellyt gerbiilejä ja koet olevasi epävarma asiassa voit pyytää myyjää näyttämään eläimen sukupuolet. Luovutusikäisen uroksen ja naaraan tulisi olla selvästi erotettavissa. Siinä missä naaraalla näkyy vain sukupuoliaukko ja sen kohdalla pieni napukka, sekä ihan takana peräaukko, uroksella näkyy selvästi kivespussit. Jos myyjä ei tunnu olevan varma sukupuolista, etkä itse niitä tunnista, kannattaa harkita tarkkaan oletko valmis ottamaan riskin, että saatkin uroksen ja naaraan.

Terve gerbiili

Ostohetkellä sinun on hyvä kiinnittää huomiosi seuraaviin asioihin.
- Eläin on virkeä, eloisa ja utelias. Jos se sattuu nukkumaan, se on pirteä pian herättämisen jälkeen.

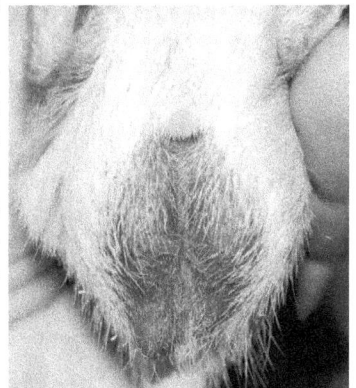

Kuvissa alla luovutusikäiset poikaset, vasemmalla naaras, oikealla uros. Oikealla aikuiset gerbiilit, ylhäällä uros, alhaalla naaras.

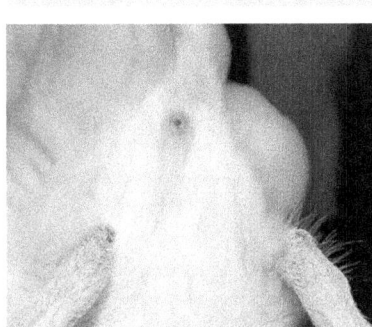 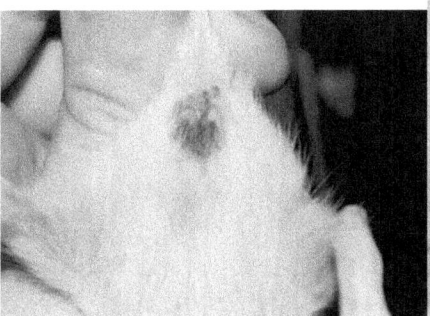 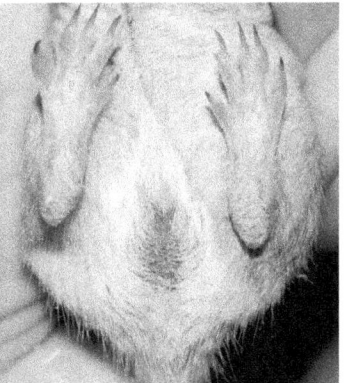

- Silmät ovat kirkkaat, eikä silmistä, kuonosta tai korvista näytä valuvan eritteitä.
- Eläimen vatsa on puhdas, ei ripulin tahrima.
- Eläimellä ei ole haavoja, eikä rupia.
- Turkissa ei näy loisia.

Jos valitset gerbiilisi suuremmasta joukosta, voit pyytää luvan laskea kätesi terraarioon ja ottaa joukosta ne rohkeimmat, jotka tulevat haistelemaan kättäsi.

Gerbiilin matka kotiin

Helpointa on kuljettaa gerbiili kotiin kuljetusboksissa, jonka voit ostaa etukäteen eläinkaupasta. Se on aika nakerrusvarma ja sille tulee todennäköisesti käyttöä myöhemminkin. Eläinkaupoissa eläimet pakataan usein pahvilaatikkoon. Kasvattajaltakin pahvilaatikko varmasti järjestyy, mutta asiasta kannattaa mainita etukäteen. Näin kasvattaja osaa varata laatikon valmiiksi. Jos itse tuo laatikon mukanaan, sen pohjalle laitetaan paksu kerros purua ja päälle silputtua WC- tai talouspaperia. Etenkin talviaikaan paperi eristää vähän lämpöä.

ringonpaisteessa, eikä missään tapauksessa jää kuumaan autoon. Gerbiili voi saada lämpöhalvauksen.

Gerbiili kotiutuu

Uudessa kodissa gerbiilille tulisi antaa rauha tutustua uuteen asuntoonsa. Jos kuljettaa gerbiilin kotiin pahvilaatikossa, voi asettaa eläimen laatikoineen suoraan terraarioon niin, että eläin pääsee itse ulos laatikosta tutustumaan ympäristöönsä. Eläimen touhuja voi seurata rauhallisesti vierestä.

Etenkin ensimmäisinä päivinä gerbiilin on hyvä antaa nukkua silloin kun se nukkuu. Kaikki uusi ja ihmeellinen väsyttää sitä. Eläimen ollessa hereillä voit varovasti tehdä tuttavuutta. Hyvä tapa on laittaa käsi terraarioon puruja vasten, ja antaa uteliaan gerbiilin tulla itse haistelemaan. Pikkuhiljaa voi liikuttaa kättä ja ottaa gerbiilin myös syliin. Pienen lapsen olisi hyvä käsitellä gerbiiliä istuen lattialla, jotta putoamisesta aiheutuva vaara olisi mahdollisimman pieni.

Talvella eläinten tulisi olla ulkona mahdollisimman lyhyen ajan. Kuljetusboksin ympärille voi kääriä jonkin lämmittävän kankaan ja pakata laatikon kankaineen kassiin. Kesäaikaan tulee huolehtia, ettei kuljetusboksi ole suorassa au-

Ruokinta

Siemenseos, pelletit ja vesi

Gerbiilin perusruokavalio koostuu hyvälaatuisesta siemenseoksesta tai pelletistä ja vedestä. Useimmat ruokakaupoissa myytävät siemenseokset ovat niin sanotusti yleisseoksia, joiden väitetään sopivan kaikille jyrsijöille ja kaneille. Tämä ei kuitenkaan pidä paikkaansa, koska esimerkiksi gerbiilin ja marsun vaatimukset ravinnon suhteen ovat hyvin erilaiset.

Useissa niin sanotuissa markettiruuissa on paljon esim. heinäpellettejä, joita harva gerbiili suostuu syömään. Lisäksi monissa on turhan paljon rasvaisia pähkinöitä ja auringonkukansiemeniä. Parhaimman siemenseoksen saa eläinkaupoista. On olemassa joitain ihan gerbiileille tarkoitettuja siemenseoksia, mutta hamstereille ja rotille suunnatut ruuat käyvät myös hyvin. Jos gerbiili on taipuvainen lihomiseen, kannattaa erityisesti kiinnittää huomiota ruuan rasvaprosenttiin. Gerbiilien ruuan suositellaan sisältävän alle 4-6% rasvaa.

Pelletit ovat siitä hyviä, että oikeanlaisissa pelleteissä on valmiina kaikki gerbiilin tarvitsemat ravintoaineet. Gerbiileille syötetään yleisesti rotille ja hiirille suunnattua pellettiä. Esimerkiksi kani- ja marsupelletit ovat gerbiilille aivan turhia. Pellettien hyvä puoli on myös se, että jokainen pala maistuu samalta. Gerbiili ei pääse ronklaamaan vain parhaita paloja, kuten usein siemenseoksen kanssa käy. Pelletit ovat yleensä jonkin verran siemenseoksia kalliimpia. Kuivaruokaa tulee olla aina veden kanssa saatavilla.

Heinä

Heinä ei ole gerbiileille välttämätöntä ja harvat gerbiilit sitä syövät. Lähinnä heinä on mitä mainioin virike, jota pilkotaan ja silputaan ja josta saa hienon, pehmoisen pesän.

Tuoreruuat

Gerbiili voi olla melkoinen herkkusuu ja on hyvä tarjota sille mahdollisuus maistella monia eri makuja. Erilaiset tuoreruuat tuovat gerbiilin ruokavalioon vaihtelua ja monipuolinen ruokavalio ei koskaan ole pahaksi. Tuoreruokia voi tarjota vaikka kerran päivässä, mutta muutama kerta viikossa riittää hyvin.

Mitä gerbiilille saa syöttää?

Hyvä perussääntö on, että gerbiilille voi syöttää aikalailla kaiken syötäväksi kelpaavan, kunhan se ei ole liian rasvaista, liian suolaista, liian sokerista, eikä missään tapauksessa pilaantunutta. Alla pientä listaa siitä mitä gerbiilille saa syöttää.

Hedelmiä: Ananas, appelsiini, banaani, omena, persikka, päärynä, sitrushedelmät, rusinat, vesimeloni ja viinirypäleet. HUOM! Avokado on todettu gerbiileille myrkylliseksi ja kiiwi aiheuttaa usein ripulia. Kannattaa siis olla varovainen eksoottisten hedelmien kanssa, jos ei tiedä niiden varmasti sopivan gerbiileille.

Kasviksia: Kesäkurpitsa, kukkakaali, kurkku, maissi, parsakaali, peruna, porkkana, salaatti ja tomaatti.

Luonnonkasveja: Apila, hiirenvirna, leskenlehti, maitohorsma, mustikan varvut, niittyruoho, nokkonen (kuivattuna), piharatamo ja voikukka.

Maustekasveja: Basilika, persilija ja tilli.

Marjoja: Karpalo, lakka/hilla, mansikka, mustaherukka, mustikka, punaherukka, puolukka ja vadelma.

Muuta: Hunaja (esim. puuroon sekoitettuna), jugurtti, juusto, kermaviili, leipä, makaroni, nuudelit (ilman mausteseosta) , puuro (veteen keitetty), raejuusto ja riisi sekä erilaiset vauvansoseet.

Tämä lista ei ole mitenkään ehdoton. Se sisältää vain joitakin esimerkkejä mitä on todettu hyväksi gerbiilille. Kaikkia tuore-ruokia on hyvä tarjota aluksi hyvin pieniä annoksia, jottei gerbiilin vatsa mene sekai-sin. Maitotuotteiden (jugurtti, kermaviili ja raejuusto yms.) on hyvä olla vähälaktoosi-sia. Jugurtin olisi hyvä olla maustamatonta luonnonjugurttia, koska useimmissa jugur-teissa on todella paljon sokeria.

Ei suositeltavia ruokia

*Ihmisten valmisruuat ovat usein hyvin suolaisia ja rasvaisia. Siksi ne eivät ole ger-biileille sopivia. Esimerkiksi lihapullat, makkarat, leikkeleet, pitsat ja hampurilai-set.

*Ihmisten "herkut". Karkit, sipsit ja pop-cornit, sekä suklaa ovat kiellettyjen listalla.

*Etikkasäilykkeet. Esim. suolakurkut.

*Rairuohon siemenet

Jotkin sallituista aineista saattavat aiheut-taa suurissa määrissä ihmisillekin vatsavai-voja (esim. herneet ja kaali). Näiden koh-dalla tulee olla erityisen varovainen.

Luonnonkasvit
Kesäaikaan voi luonnon antimia käyttää hyödyksi gerbiilien ruokavaliossa. Kerättä-vistä kasveista tulee tietää, etteivät ne ole myrkyllisiä. Kasveja ei tule kerätä suurten teiden varsilta ja ne on hyvä huuhdella en-nen tarjoamista gerbiileille.

Mineraali-, kalkki- ja suolakivet
Mineraali- ja suolakivi ovat gerbiilille tur-hia. Kalkkikivi sen sijaan on hyödyllinen, erityisesti kantaville naaraille ja kasvaville poikasille ja nuorille eläimille.

Lisävitamiinit
Gerbiilin syödessä monipuolista ravintoa ja/tai rotta- hiiripellettiä, se ei tarvitse li-sävitamiineja. Jos eläimen yleiskunto syys-tä tai toisesta laskee ja omistaja epäilee, ettei ruokavalio ole riittävän monipuolista, voi gerbiilille tarjota vitamiinikuurin. Lisä-vitamiinit ovat hyväksi myös kantaville ja imettäville naaraille ja poikasille.

Gerbiileille sopivia vitamiineja saa eläin-kaupoista ja apteekeista. Vitamiineja anne-taan kuureittain esim. noin viikko kerral-laan ja sitten useamman viikon tauko. Eläinlääkärin määräämissä vitamiineissa luonnollisesti noudatetaan annettuja ohjei-ta. Muista tutustua tarkkaan vitamiinien ohjeisiin. Useita nestemäisiä vitamiineja tulee pullon avaamisen jälkeen säilyttää viileässä.

Eläinproteiini
Gerbiili on sekaravinnonsyöjä, mikä tar-koittaa, että pelkkien kasvisten lisäksi sille on hyvä tarjota myös lihaa (eläinproteiinia) jossain muodossa. Tavallisimpia gerbiilille tarjottavia ovat kissan/koiran kuivanappu-lat, lihaa sisältävät lastenruuat, jauhomadot ja kuivattu tai ruskistettu, maustamaton jauheliha.

Käsittely

Siinä missä rohkein gerbiili tulee kädelle ensimmäisen tilaisuuden tullen, toinen voi vaatia hieman enemmän kikkailua otettaessa. Pääasia on kuitenkin, ettei gerbiiliä tulisi jahdata kiinni otettaessa. Gerbiili on saaliseläin ja jahtaaminen ei ole sille mieluista. Jos gerbiili ei omatoimisesti tule kädelle (useimmat eivät tule ainakaan alussa) on keksittävä muita keinoja. Yksi on yrittää nostaa gerbiili kädelle sen mentyä terraarion nurkkaan työntämällä kädet eläimen alle. Joillain gerbiileillä tällainen kädelle nostaminen toimii oikein hyvin, jotkut taas pomppaavat kädeltä ja juoksevat karkuun. Gerbiiliä ei pitäisi yrittää kaapata käteen ylhäältä päin, koska tämä muistuttaa eläintä vaarasta.

Toinen vaihtoehto on houkutella gerbiili purkkiin tai putkeen, jossa eläimen voi nostaa terraariostaan ja liu'uttaa siitä kädelle. Jos muu ei auta voi gerbiiliä napata peukalolla ja etusormella kiinni hännäntyvestä ja nostaa nopeasti toiselle kädelle. Gerbiiliä ei saa koskaan tarttua hännän päästä, koska häntä katkeaa helposti.

Gerbiiliä on hyvä pitää kämmenten päällä. Etenkin alkuun hännäntyvestä voi pitää kiinni ihan varmuuden vuoksi, ennen kuin tottuu eläimeen ja syntyy luottamus puolin ja toisin. Etenkin luovutusikäiset poikaset voivat olla varsinaisia kirppuja, jotka saattavat yllättäen singahtaa pois kädestä. Gerbiilillä ei ole kovinkaan hyvä syvyysnäkö, mutta aikuinen yksilö harvemmin hyppää kädestä. Joitain saattaa kiinnostaa kiipeily paitaa pitkin olkapäälle. Tulee kuitenkin muistaa, että gerbiili on melko kömpelö otus, jos sitä vertaa esimerkiksi hiireen tai rottaan. Siksi gerbiilin kiipeillessä on aina olemassa putoamisvaara.

Putoamisvaaran vuoksi etenkin pienten lasten olisi hyvä istua lattialla käsitellessään gerbiilejä. Tällöin putoamismatka on lyhyt, jos sattuu vahinko. Gerbiili voi tehdä aikamoisen loikan loukkaamatta itseään, mutta jos huono tuuri käy, jo parinkymmenen sentin pudotus voi olla vaaraksi.

Erityistilanteissa voidaan vaatia erityislaatuisia otteita. On tilanteita, joissa gerbiili on hyvä saada käännettyä selälleen tai jopa saada eläimestä niin tiukka ote, ettei se pysty livistämään. Tällaisia tilanteita ovat esimerkiksi lääkkeiden antaminen, hampaiden katsominen ja lyhentäminen, kynsien leikkaus ja hajurauhasen tarkastaminen. Tällöin on ainakin kaksi vaihtoehtoa. Voi joko painaa peukalon ja etusormen gerbiilin lapojen ja pään liitoskohtaan niin, että gerbiilin selkä on kämmentä vasten. Useimmat gerbiilit pysyvät tässä asennossa hyvin ja antavat kääntää itsensä selälleen ja katsoa hampaat. Tai vielä tiukemman otteen saa, jos ottaa peukalolla ja etusormella kiinni gerbiilin niskanahasta. Yleensä viimeistään tässä asennossa vilkkaimmallekin eläimelle saa lääkkeet annettua. Älä koskaan käytä näitä vain huvin vuoksi!

Kun gerbiili puree

Gerbiilit purevat äärimmäisen harvoin. Joskus voi kohdalle osua eläin, joka syystä tai toisesta joko maistelee jatkuvasti (ei varsinaista puremista vaan enemmänkin koittelee hampaillaan kättäsi) tai ihan puree. Pienet pennut saattavat harrastaa maistelua sen vuoksi, että ne tutustuvat sillä tavalla maailmaan. Ne eivät voi tietää onko mielenkiintoiselta tuoksuva juttu syötävää, jos sitä ei ole kokeillut. Aikuisilla eläimillä näykkiminen ja pureminen ovat yleensä merkkejä siitä, että syystä tai toisesta ne eivät luota ihmisiin. Eläimet saattavat kokea itsensä uhatuiksi käsiteltäessä ja näykkimällä ilmoittavat haluavansa pois tai puolustavat itseään jopa puremalla.

Vaikka näykkiminen ja pureminen ovatkin ikäviä asioita ja vaikka eläin mitä ilmeisimminkin viestittää haluavansa pois tai kokevansa olonsa uhatuksi, sitä ei tulisi palkita puremisesta palauttamalla terraarioonsa. Näykkivän eläimen kohdalla kannattaa odottaa jonkin aikaa ja kun eläin on hetken ollut näykkimättä, päästää se sitten takaisin terraarioonsa. Sama pätee puremiseen. Koska gerbiilin purema tekee todella kipeää, en edes ehdota, että kukaan pitäisi gerbiiliä odottaen puremisen loppuvan. Jos tiedät, että gerbiilisi puree, on parasta, että käsittelet sitä hansikkaiden (mieluiten paksut nahkahansikkaat) kanssa. Näin puremat eivät satu ja voit hyvin pitää eläintä kädessäsi, kunnes se on lopettanut puremisen. Voit silittää sitä sitten hetken, palauttaa terraarioonsa ja jatkaa myöhemmin uudestaan.

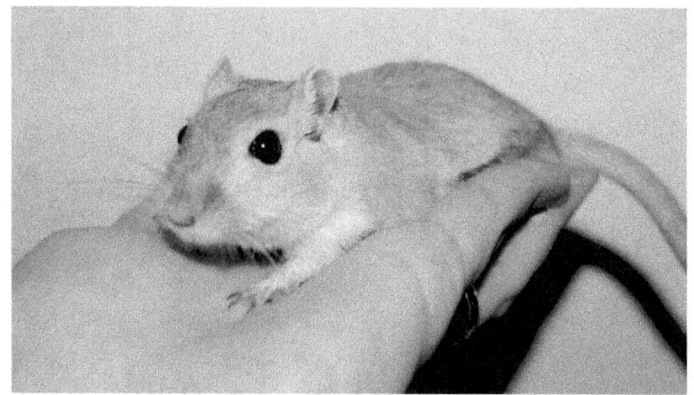

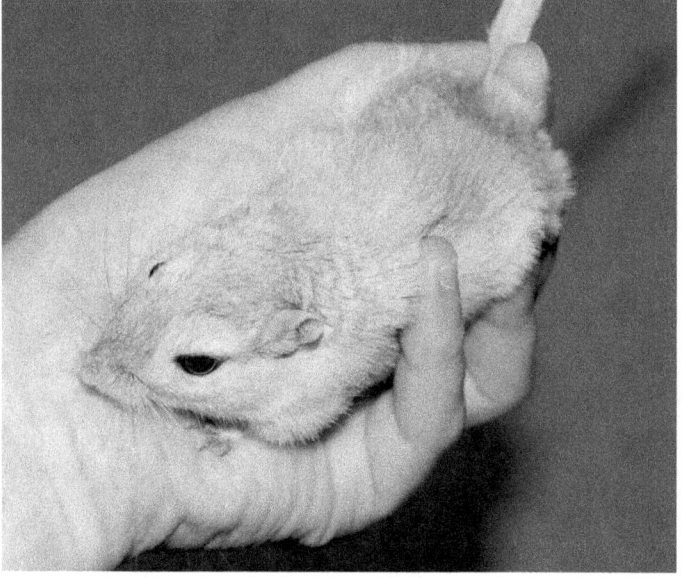

Kuvia gerbiilin käsittelystä. Ylimpänä gerbiili normaalisti kämmenellä, alemmassa kuvassa ote etusormella ja peukalolla hännäntyvessä. Alhaalla olevat kuvat esittävät otteita, joita voidaan käyttää esimerkiksi lääkkeitä annettaessa tai kynsiä leikatessa. Vasemmalla ja keskellä ns. kevyempi ote, jossa eläintä vain tartutaan kiinni, oikean puoleinen kuva esittää vaikeita tapauksia varten olevaa otetta, jossa pidetään lisäksi kiinni niskanahasta.

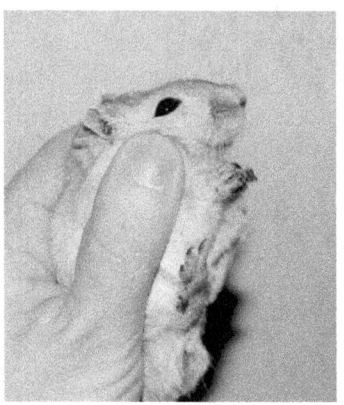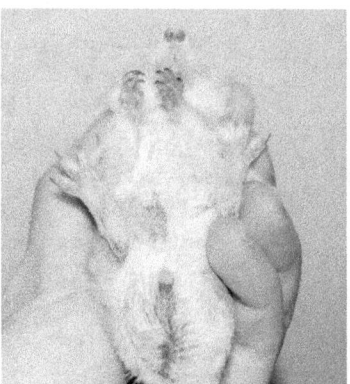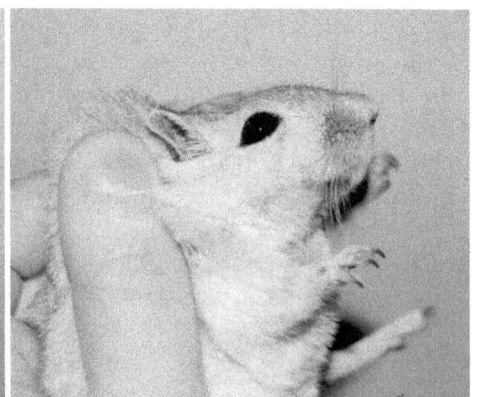

Terveydenhoito ja sairaudet

Gerbiilit ovat melko terveitä eläimiä. Parhaiten lemmikkinsä terveydestä pitää huolta tarjoamalla sille päivittäin hyvät olosuhteet. Kun gerbiili syö terveellisesti, sillä on puhdas ja riittävän suuri terraario virikkeineen ja kavereineen ja lisäksi pidetään huolta, ettei se saa vetoa, ovat perusasiat hyvin. Kaikkia sairauksia ei kuitenkaan voida ennaltaehkäistä.

Gerbiilin terveystarkastus

Gerbiilit on hyvä tarkastaa säännöllisesti. Suurin osa seuraavista tuleekin varmasti katsotuksi ihan siinä sivussa, kun käsittelee gerbiilejä päivittäin.

Yleiskunto. Tämä on se asia, johon kiinnittää ensimmäisenä huomiota. Näyttääkö eläin samalta kuin normaalisti? Onko se eloisa ja pirteä? Gerbiilimäisen utelias?

Turkin kunto kertoo paljon gerbiilin voinnista. Jos turkki yhtenä aamuna onkin pörrössä ja "takkuisen" oloinen, jotain on luultavasti vialla. Gerbiili saattaa olla sairas tai kylmissään. Turkki kannattaa tarkistaa ajoittain myös ulkoloisten varalta. Ulkoloiset ovat gerbiileillä melko harvinaisia. Jos loisia kuitenkin jostain tulee, on aikainen loishääto tärkeää. Helpoin tapa löytää loiset, on joko puhaltaa turkkiin vastakarvaan tai vähän silittää eläintä vastakarvaan, jolloin näet eläimen ihon. Gerbiilillä tavatut ulkoloiset ovat helposti silmällä havaittavissa.

Näyttävätkö silmät ja korvat terveiltä? Ovatko silmät kirkkaat, rähmivätkö ne? Vuotaako korvista eritettä tai pitääkö gerbiili päätään vinossa jommankumman korvan suuntaan? Silmien rähmiminen tai korvien vuotaminen viittaa usein tulehduk-

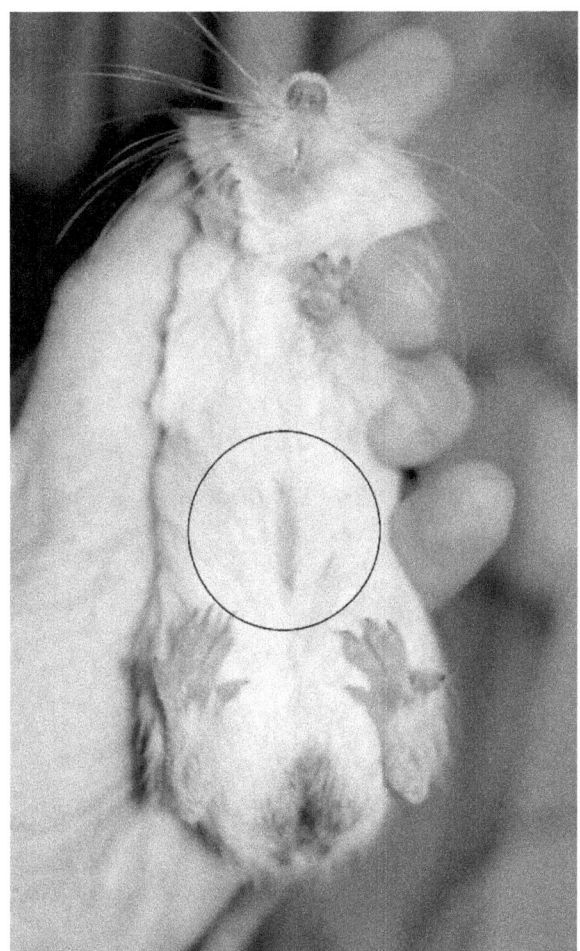

Kuvassa normaali gerbiilillä vatsassa oleva hajurauhanen.

seen, joka vaatii lääkehoitoa.

Hampaat on hyvä tarkistaa ajoittain, koska ne saattavat kasvaa vinoon tai katketa vaikkapa tapaturman seurauksena. Vinoon kasvavat hampaat tulevat yleensä ennemmin tai myöhemmin liian pitkiksi ja niitä joudutaan lyhentämään. Ainakin ensimmäisellä kerralla lyhentäminen on hyvä teettää eläinlääkärillä, joka näyttää miten se tehdään. Jyrsijän hampaat kasvavat koko niiden eliniän ja siksi katkenneiden tilalle kasvaa yleensä pian uudet. Katkenneista hampaista on kuitenkin hyvä olla tietoinen, jotta eläintä osaa ruokkia oikein ja seurata uusi-

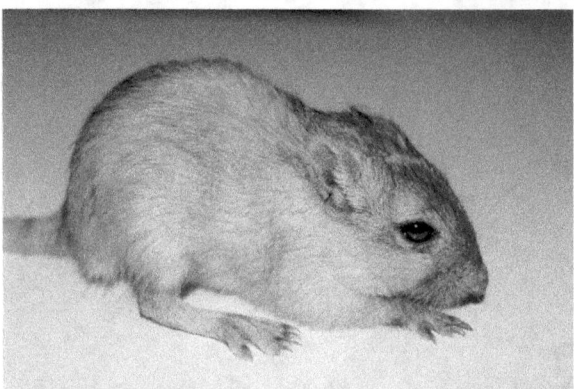

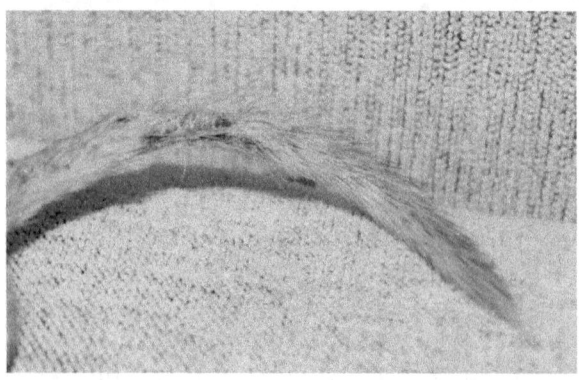

Yläkuvassa gerbiilillä alkavaa nokkatautia, kuonon alla karvaton alue.

Keskimmäisessä kuvassa gerbiili on saanut shokkikohtauksen, käpertynyt pieneksi ja korvat ovat luimussa.

Alimmassa kuvassa pahoin purtu häntä, joka kuitenkin parani hyvin.

en hampaiden kasvua.

Peräaukon seutu ja vatsa ovat hyvä tarkistaa ripulin varalta. Ripulista kärsivän gerbiilin takapuolessa ja vatsassa olevat karvat ovat usein tahriutuneet märkään ulosteeseen. Eteenkin vanhemmilla uroksilla on hyvä tarkistaa myös vatsassa oleva hajurauhanen, johon voi tulla kasvaimia.

Yleisimpiä sairauksia

Nokkatauti

Nokkatauti on yleisimpiä vaivoja, joka saattaa muuten täysin terveeseen gerbiiliin iskeä. Toiset ovat kuitenkin sille alttiimpia kuin toiset ja useimmat gerbiilit eivät sairastu koskaan.

Nokkataudin, eli nenätulehduksen, ensimmäisenä oireena on paljas, karvaton kuono. Se saattaa punottaa ja gerbiili hankaa sitä etutassuillaan. Tällöin kuonoon voi muodostua haavaumia ja rupea. Nämä tulehtuvat herkästi ja siksi hoito olisi paras aloittaa mahdollisimman aikaisin. Yleisin hoito nokkatautiin on apteekista reseptillä saatava Terra Poly-niminen voide, jota levitetään kuonoon joko sormilla tai pumpulipuikolla. Jälkimmäinen on hyvä tapa, jos gerbiili yrittää purra voidetta levitettäessä. Täytyy muistaa, ettei gerbiili kykene ymmärtämään miksi sen kuonoon levitetään moista töhnää, ja niinpä gerbiili voi puolustautua puremalla. Toimenpiteen jälkeen olisi hyvä, jos eläintä pitäisi kädessä vähän aikaa. Näin voide ehtii edes vähän imeytyä ennen kuin gerbiili pyyhkii rasvaa tassuillaan pois. Jotkin suosivat B-vitamiinia lisähoitona nokkatautiin. B-vitamiinia voi sekoittaa juomaveteen tai tiputtaa eläimen kuonon päälle ulkoisena hoitona.

Nokkatautia sairastavalta gerbiililtä tulisi tarkistaa kynnet, koska ne ovat usein liian pitkät ja terävät. Tämä johtaa siihen, että eläin repii kuononsa verille. Liian pitkät ja terävät kynnet lyhennetään. Ohjeita kynsien leikkaamiseen löydä sivulta 34. Jos kuitenkin koet olevasi epävarma, kannattaa pyytää ohjeita eläinlääkäriltä tai kasvattajalta.

Flunssa

Gerbiili voi kärsiä flunssan kaltaisista oireista ja tähän saattaa liittyä nokkatautia, koska gerbiili pyyhkii muutenkin ärsyyntynyttä nenäänsä. Oireista yleisimmät ovat tuhiseva, rohiseva tai naksuva ääni, joka liittyy selvästi eläimen hengitykseen, sekä mahdollisesti nenästä valuva erite.

Ensisijaisesti flunssaa hoidetaan kotikonstein. Pidetään huolta, että eläin on lämpimässä, eikä rasiteta ylimääräisillä juoksutuksilla terraarion ulkopuolella, jolloin eläin voi saada vetoa. Joskus tuhiseva ääni voi johtua myös siitä, että puru on liian pölyävää ja eläimellä on puupölyä nenässä. Tällöin purujen vaihtaminen voi auttaa.

Jos eläimellä on muita sairauden oireita, tuhina pitkittyy tai eläimen yleiskunto tuntuu laskeneen, tulee ottaa yhteyttä eläinlääkäriin.

Naksutauti

Naksutauti on nimitys, jota kasvattajat käyttävät gerbiilinpoikasilla esiintyvästä hengitystietulehduksesta. Yleisesti ottaen voisi sanoa, ettei tämä osuus koske tavallista kahden gerbiilin omistajaa, mutta oireet luonnollisesti muistuttavat paljon myös aikuisen eläimen hengitystietulehdusta.

Naksutauti on saanut nimensä naksuvasta äänestä, jota poikaset pitävät. Naksuminen on seurausta siitä, että poikasen hengitysteissä on limaa ja/tai roskia. Liian pölyisevä puru voi aiheuttaa naksumista, kuten myös emon maidon joutuminen hengitysteihin. Jälkimmäisessä tapauksessa naksuminen kuitenkin korjaantuu yleensä nopeasti. Naksutaudista kärsivät poikaset saattavat olla pörröisiä, apaattisia ja jopa selvästi alikehit-

tyneitä. Joskus nenä voi olla niin pahasti tukossa, että gerbiili haukkoo henkeä suun kautta.

Valitettavasti paha naksutauti johtaa usein kuolemaan. Lievissä tapauksissa poikaset naksuvat joitakin päiviä ja ongelma menee itsestään ohi. Poikasten oloa voi yrittää helpottaa ja hoitaa seuraavilla tavoilla:

- Kuivikkeiden vaihto. Koska naksutautia voi aiheuttaa liikaa pölisevä kuivike kutterinpurun voi vaihtaa haapahakkeeseen. Toiset vaihtavat poikasterraarioon jopa kangasta tai paperia pohjalle, mutta tällöin tulee muistaa, että paperisilppukin pölisee ja kankaassa riskinä ovat langanpätkät, jotka saattavat kiertyä pienen tassun ympärille ja aiheuttaa siten ainakin tulehduksia. Ilmeisesti myös kissan hiekkalaatikkoon suunniteltu paperikuivike sopii mainiosti poikasterraarioihin ja pölisee vielä haapahakettakin vähemmän.

- Nesteensaannista huolehtiminen. Poikasille tulee tarjota helposti syötävää nestepitoista ruokaa. Koska naksupoikasten tiettävästi yleisin kuolinsyy on nestehukka, poikasille voi myös tarjota nestettä pienellä neulattomalla ruiskulla. Tässä on kuitenkin oltava erittäin varovainen, koska jos gerbiili vetää nestettä henkeensä, ongelmat vain pahenevat.

Silmätulehdus ja punainen erite silmien ja kuonon alueella

Silmätulehdus on harvinainen vaiva gerbiileillä. Joskus silmien ja kuonon alueella voi näkyä punaista eritettä, mutta se ei välttämättä ole silmätulehduksen merkki. Punainen erite on yleensä gerbiilille täysin luonnollista harderinrauhasen eritettä. Rauhasen liikatoiminta liittyy useimmiten stressiin tai kylmään.

Varsinaisessa silmätulehduksessa silmistä valuu rähmää, jonka seurauksena silmät voivat muurautua osittain tai kokonaan umpeen. Silmiä voi yrittää puhdistaa jyrsijöiden tai koirien silmävedellä tai keitetyllä ja jäähdytetyllä vedellä. Jos oireet jatkuvat useamman päivän, tulisi ottaa yhteyttä eläinlääkäriin.

Kasvaimet

Kasvaimia pidetään usein gerbiilien yleisimpänä sairautena. Koska alttius kasvaimille on perinnöllistä, tuntuu tämä kuitenkin olevan jossain määrin linjakohtaista. Tulee ottaa myös huomioon, että vanhoilla gerbiileillä kasvaimet ovat yleisempiä kuin nuorilla. Sisäelimissä olevista kasvaimista ei välttämättä koskaan saada tietoa tai ainakaan varmuutta, jos gerbiilille ei kuoleman jälkeen suoriteta ruumiinavausta.

Yleisin ja selkein kasvain on hajurauhaskasvain, jota esiintyy etenkin vanhemmilla uroksilla. Naarailla hajurauhaskasvain on melko harvinainen. Kasvain alkaa usein pienestä näpystä. Tällaisen havaitessaan ei omistajan kannata vielä hätääntyä. Kaikki näpyt hajurauhasessa eivät ole kasvaimia, eivätkä vaadi minkäänlaista hoitoa. Toiset jäävät tuollaisiksi näpyiksi, toiset ajan kanssa jopa häviävät. Tilannetta tulisi kuitenkin seurata; Jos näppy kasvaa isommaksi tai gerbiili raapii sitä, on aika piipahtaa eläinlääkärin juttusille.

Näppyä isompi kasvain olisi hyvä leikkauttaa pois, koska gerbiilit usein raapivat tällaisia kasvaimia ja seurauksena voi olla pahaa verenvuotoa tai tulehduksia. Hajurauhaskasvaimen poistoleikkaus on yleensä yksinkertainen, kunhan eläinlääkäri tietää mitä tekee. Eläinlääkäriltä kannattaakin kysellä, onko hänellä kokemusta gerbiilin leikkaamisesta. Suurimpana riskinä operaatiossa on aina pidetty nukutusta, mutta osaavan eläinlääkärin kanssa tämä ei ole sen suurempi ongelma kuin isommallakaan eläimellä.

Naarailla kasvaimet ilmestyvät yleensä munasarjoihin ja kohtuun, eikä niitä huomata ennen kuin ne ovat niin isoja, että naaraan vatsa näyttää siltä kuin se olisi kantavana. Näille kasvaimille ei yleensä voida tehdä mitään (tiedän kyllä eläinlääkärin, joka leikkasi munasarjakasvaimen, joten ehkä tätä tullaan tekemään enemmän tulevaisuudessa). Omistajan tehtävänä onkin tarkkailla eläimen yleisvointia ja tehdä sille viimeinen palvelus viemällä lemmikkinsä aikanaan lopetettavaksi, kun sen elämä ei enää ole elämisen arvoista. Päätös voi etenkin nuoremmalle lemmikinomistajalle olla raskas, mutta eläimen turhia kärsimyksiä tulee aina välttää. Loppukädessä aikuisen on tehtävä päätös alaikäisen lapsensa lemmikistä.

Kasvaimia voi ilmestyä gerbiilille myös muihin sisäelimiin. Näitä huomataan harvemmin muuten kuin ruuminavauksessa.

Hajurauhaskasvaimen lisäksi iholle voi tulla muitakin näkyviä patteja, joista polyypit ovat yleisimpiä ja jokseenkin harmittomia. Polyypit ovat yleensä ihon värisiä, joko rypälemäisiä tai pitkulaisia "lisäkkeitä", jotka saattavat hävitä itsekseen ajan kanssa. Jos polyyppi ei häiritse eläintä, ei sille tarvitse tehdä mitään. Jos gerbiili repii polyyppiä voi eläinlääkäri poistaa sen yksinkertaisella leikkauksella.

Lisäksi on tavattu mustia ihopatteja. Harrastajien keskuudessa näistä on olemassa kahdenlaista kokemusta: On olemassa gerbiilejä, jotka ovat eläneet koko elämänsä tuollaisen patin kanssa ilman ongelmia, mutta toisaalta musta patti on osoittautunut aggressiivisimmaksi kasvaimeksi mitä on gerbiilillä tavattu. Tämän kokemuksen vuoksi ja eläinlääkärin lausunnon perusteella suosittelisin poistamaan mustat ihopatit ensitilassa, vaikka ne eivät näyttäisi eläintä millään tapaa kiusaavan.

Hajurauhastulehdus

Kasvaimien lisäksi hajurauhaseen saattaa

iskeä tulehdus, joka saa gerbiilin raapimaan hajurauhasta. Hajurauhasen alue punoittaa ja voi olla turvonneen näköinen. Jos gerbiili raapii rauhasta, siihen voi tulla haavoja ja ruhjeita. Eläinlääkäriltä saa reseptin antibiooteille, joilla hajurauhasen saa taas kuntoon.

Välikorvan tulehdus

Gerbiileillä esiintyy välikorvan tulehdusta, jonka ensimmäisinä oireina usein ovat märkä vuoto korvasta ja kutina (gerbiili raapii korvaansa). Toisinaan korvatulehdusta ei kuitenkaan pystytä edes huomaamaan ennen kuin gerbiili pitää päätään vinossa sairaan korvan suuntaan ja sillä pahimmassa tapauksessa on tasapainohäiriöitä. Tällöin se kulkee vinoon kipeän korvan suuntaan, kiertää kehää tai jopa kaatuu kyljelleen kävellessään. Hoito on aloitettava välittömästi, jotta gerbiili saadaan vielä entiselleen. Viivästynyt hoito tai paha tulehdus saattaa aiheuttaa pysyviä haittoja: pää saattaa jäädä vinoon tai jossakin tapauksissa gerbiili voi kärsiä tasapainohäiriöistä myös jatkossa. Lisäksi tulehdus alentaa gerbiilin yleistilaa ja altistaa muille tulehduksille. Huonolla tuurilla tämä voi johtaa jopa kuolemaan.

Jos gerbiilin pää jää vinoon, se ei todennäköisesti tule aiheuttamaan sille ongelmia. Tasapainohäiriöiden kanssa tilannetta on arvioitava tapauskohtaisesti. Hoitona käytetään eläinlääkärin määräämää antibioottia yleensä noin viikon ajan. Eläinlääkäri saattaa jossain tapauksissa antaa jo vastaanotollaan antibioottia pistoksena, joka jonkin verran nopeuttaa paranemista.

Shokkikohtaukset

Shokkikohtauksella tarkoitetaan gerbiilin yllättäen saamaa kouristuskohtausta. Lievimmissä tapauksissa shokkikohtaus voi esiintyä korvien nykimisenä tai koko gerbiilin "säpsähtelynä" ja "nytkähtelynä". Pahimmillaan shokkikohtauksen saanut gerbiili kouristelee niin pahoin, että selkä vääntyy kaarelle, gerbiili kaatuu kyljelleen ja suusta tulee vaahtoa. Nämä jälkimmäisenä kuvatut shokkikohtaukset ovat erittäin harvinaisia ja voivat merkki vakavammasta sairaudesta.

Useimmiten shokkikohtauksia saavat pienet poikaset, jotka eivät ole vielä tottuneet käsittelyyn. Shokkikohtaus ilmenee siis useimmiten käsittelyn yhteydessä vieraan tilanteen aiheuttaman stressin vuoksi. Joskus poikanen, joka ei ole koskaan kasvattajan luona shokannut, voi saada shokkikohtauksen uudessa kodissaan stressaantuessaan muutoksista ja uusien ihmisten käsittelystä. Tällaista tilannetta ei tule pelästyä, vaan gerbiili päästetään omaan terraarioonsa rauhoittumaan. Yleensä kohtaus menee näin hetkessä ohi. Käsittelytilanteita kannattaa harjoitella pikkuhiljaa - eläin tottuu niihin ja yleensä kohtaukset loppuvat.

On kuitenkin olemassa gerbiilejä, joilla shokkitaipumus on niin voimakas, että kohtauksia voi tulla läpi elämän ja mitä erilaisimmista ärsykkeistä. Tällöin shokkikohtauksia aiheuttavia tilanteita tulisi välttää. Magnesiumin puutos alentaa gerbiilien kouristeluherkkyyttä. Shokkikohtauksiin taipuvaisille gerbiileille kannattakin kokeilla tarjota magnesiumpitoisia ruoka-aineita kuten täysjyväviljoja, kasviksia, kalaa ja lihaa.

Eläintä, joka on saanut vaikeita shokkikohtauksia tai joka saa kohtauksia läpi elämän, ei tulisi käyttää kasvatukseen. Lisäksi jokaisen joskus shokanneen eläimen kohdalla olisi hyvä miettiä kannattaako eläintä käyttää kasvatukseen, koska shokkitaipumus on jossain määrin perinnöllistä.

Ripuli

Ripulin oireita ovat löysät ja limaiset ulosteet, ulosteisiin tahriutunut peräpää, joka on märkä ja ruskea. Ripulin yleisin syy on liian reilusti tarjotut tuorereuat, joista tottumaton vatsa on mennyt sekaisin.

Ripulin pääasiallisin hoito on tarjota gerbiilille vain ja ainoastaan kuivaruokaa sekä tuoretta vettä. Myös heinä voi olla ripuloivalle gerbiilille hyväksi. Gerbiiliä tulee tarkkailla mahdollisimman hyvin nestehukan varalta. Jos gerbiilin yleiskunto laskee selvästi, tulee ottaa yhteyttä eläinlääkäriin mahdollista jatkohoitoa varten. Jos on epäilyksiä, että gerbiili kärsii nestehukasta, voi eläimelle tarjota pienellä ruiskulla joko elektrolyyttivalmistetta (Biolyt, Nutrisal, sekoitus ohjeen mukaan) tai omatekoista nestettä (1/2 l veteen sekoitetaan 1 tl sokeria, tl kärjellinen suolaa, tl kärjellinen leivinsoodaa) sekä 1 tippa yleisvitamiinivalmistetta/ruiskuannos. Tällaisessa nesteytyksessä on kuitenkin riskinsä eikä puuhaan pidä ryhtyä kuin todellisessa hätätilanteessa.

Salmonella

Vaikka salmonella on todella harvinainen gerbiilien keskuudessa, sekin on hyvä käsitellä ripulin yhteydessä. Salmonellan oireita ovat ripuli, pörröinen turkki, nestehukka, ruokahaluttomuus ja yleiskunnon lasku. Salmonellaa on yleensä syytä epäillä, jos omistajalla itsellään on salmonella (salmonella voi tarttua ihmisestä gerbiiliin ja toisinpäin) tai gerbiilille tarjottavat ruuat ovat olleet kosketuksissa luonnonvaraisten hiirien, rottien tai lintujen kanssa. Myös lintujen ulosteista voi saada salmonellan ja näin se voi levitä ulkoa tuotavien kasvien mukana.

Valitettavasti gerbiilien kuolleisuusprosentit salmonellatapauksissa ovat hyvin korkeita. Jos on epäilyksiä, että gerbiileillä on salmonellaa, tulee ottaa viipymättä yhteyttä eläinlääkäriin.

Hammasongelmat

Gerbiilin hammasongelmat voivat olla synnynnäisiä tai aiheutua tapaturmasta. Synnynnäiset viat johtuvat usein hampaiden väärästä asennosta, jonka vuoksi ne kasvavat liian pitkiksi ja hampaita joudutaan lyhentämään. Jossain tapauksissa synnynnäinen vika voi aiheuttaa myös hampaiden putoamista, jolloin gerbiilille on tarjottava pehmeää ruokaa, esim. vedessä turvotettuja pellettejä, pilttejä ja pehmeitä tuoreruokia, kunnes hampaat kasvavat takaisin. Tällöin voidaan joutua myös lyhentämään suussa jäljellä olevia hampaita, koska ne saattavat kasvaa poikkeuksellisen pitkiksi "vastaparin" puutteessa. Usein gerbiilit, joilta puuttuvat ylähampaat pystyvät syömään myös pieniä siemeniä kuten hirssiä ja undulaatinsiemeniä. Tällainen ruokavalio voi osaltaan estää hampaita kasvamasta liian pitkiksi. Tapaturmaisissa hammasongelmissa on yleensä kyse siitä, että hampaat katkeavat syystä tai toisesta. Hoito on sama kuin synnynnäisen vian vuoksi irtoavissa hampaissa.

Gerbiilin hampaat voi leikata myös kotona, mutta ensimmäisellä kerralla kannattaa viedä eläin eläinlääkärin arvioitavaksi. Samalla eläinlääkäri leikkaa hampaat ja näyttää miten se tehdään. Jos toimenpide vähänkään epäilyttää, kannattavat hampaat leikkauttaa jatkossakin eläinlääkärillä. Varomattomalla leikkaamisella voi aiheuttaa gerbiilille vakavaa vahinkoa.

Munuaissairaudet

Gerbiileillä on tavattu viime vuosina erilaisia munuaisongelmia. Nämä ovat niitä sairauksia, jotka voidaan varmasti todeta vain ja ainoastaan ruumiinavauksella eläimen kuoleman jälkeen. Joidenkin avausten jälkeen on voitu todeta merkkejä, joista munuaissairautta epäillä. Näiden havaintojen perusteella oireilevan gerbiilin kohdalla ei kuitenkaan voida sulkea pois muiden sairauksien mahdollisuutta. Tilanteesta on keskusteltava eläinlääkärin kanssa.

Usein ensimmäisenä oireena huomataan gerbiilin laihtuneen ja sen myötä myös yleiskunnossa näkyy selvää laskua. Mahdollista tulehdusta munuaisissa kannattaa koettaa hoitaa antibioottikuurilla. Kasvaimiin ja synnynnäisiin vikoihin tästä ei ole apua, jolloin painonlasku jatkuu. Jos lääkityksestä ei tunnu olevan apua ja eläimen tila huononee, on se parasta lopettaa. Munuaissairaudet ovat onneksi melko harvinaisia.

Allergiat

Gerbiilin allergisuus on hyvin harvinaista, eikä asiasta ole varsinaisia tutkimuksia olemassa. Käytännössä on kuitenkin todettu, että gerbiili voi olla yliherkkä ainakin hienojakoiselle purulle. Tällaisesta on oireena niiskuvaa hengitystä, toistuvaa nokkatautia ja karvattomia läikkiä turkissa. Jos epäilet gerbiilisi olevan yliherkkä purulle, voit koettaa vaihtaa purut haapahakkeeseen. Jonkin ajan kuluttua voi olla hyvä yrittää puruja uudelleen. Jos oireet palaavat, on mitä luultavimmin parasta käyttää haapahaketta jatkossakin.

Tyzzerin tauti

Tyzzerin tauti on äärimmäisen harvinainen. Koska useissa lähteissä tyzzerin tautia painotetaan gerbiilien kohdalla, haluan tuoda tähän kirjaan oman kokemukseni aiheesta. Yli 10 vuoden harrastusajaltani tiedän ainoastaan kaksi tapausta, joissa eläimillä on todella todettu tyzzerin tautia ja näistäkin tapauksista vain toinen on ollut gerbiileillä, toinen deguilla.

Tyzzer on ehdottomasti tappavin gerbiileillä tunnettu sairaus. Oireina on ruokahaluttomuutta ja apaattisuutta sekä ehkä ripulia. Taudin aiheuttaa *Bacillus piliformis* niminen bakteeri, joka leviää verenkierrossa kaikkialle elimistöön. Itämisaika on 10 päivää, jolloin sairastuneet eläimet yleensä kuolevat. Avatuilla eläimillä on löydetty vaurioita suolistossa, sydänlihaksessa sekä maksassa. Kuolleen eläimen ruumiinavaus onkin ainoa tapa, jolla diagnoosi voidaan todella varmistaa.

Tyzzerin taudin hoitotulokset ovat useimmiten huonoja, koska antibiootit eivät yleensä tehoa. Jonkin verran tuloksia on saavutettu tetrasykliiniä sisältävillä antibiooteilla, mutta lähinnä ennaltaehkäisevästi. Taudin hoidossa etenemisen ehkäisy onkin kaikkein tärkeintä. Sairastuneet eläimet tulee eristää välittömästi muista eläimistä. Niiden kanssa kosketuksissa olleet ruuat tulee hävittää ja tarvikkeet desinfioida hypokloriitilla tai kuumentamalla vähintään 80 asteiseksi.

Jos sinulla on epäilyksiä tyzzerin taudista gerbiililläsi, vältä viemästä eläimiä näyttelyyn tai myymästä niitä. Jos harrastat aktiivisesti kasvatusta tai näyttelyitä, kannattaa epäilyksistä varoittaa myös muita harrastajia.

Loiset

Ulkoloiset

Ulkoloiset ovat gerbiileillä suhteellisen harvinaisia ja pitkään uskottiinkin, ettei gerbiileille tule ulkoloisia. Tunnetuin gerbiilillä todettu loinen on lintupunkki, joka ei varsinaisesti elä gerbiilissä vaan imee tästä verta ja siirtyy sen jälkeen muualle lisääntymään. Punkkien puremat ovat gerbiileille varsin ikäviä ja usein ensimmäisenä saattaakin havaita gerbiilin raapivan itseään. Sen takapää ja iho hännän yläpuolelta saattaa olla purtu ja raavittu aivan rikki. Vaikka kokematon omistaja huomaakin punkit usein vasta tässä vaiheessa, ovat punkit selvästi silmällä havaittavissa, ainakin imettyään verta. Punkki itsessään on pieni ja harmaa, parin millin mittainen otus. Imettyään verta se pyöristyy ja saa punaisen värinsä. Punkkeja saattaa nähdä juoksentelemassa puruissa, terraariossa tai eläimessä. Jos punkkeja on hyvin runsaasti niitä voikin olla ihan missä vain asunnossa. Punkit aiheuttavat pidemmän päälle gerbiileille anemian, johon eläin saattaa kuolla tai jonka vuoksi se voidaan joutua lopettamaan. Punkkiongelma tulee siis hoitaa ajoissa.

Punkit saattavat purra myös ihmistä, mutta isäntäeläimeksi ihmisestä ei ole. Jotkin ihmiset saattavat olla yliherkkiä punkkien puremille ja heille voi punkin puremasta seurata varsin ikävää ihottumaa.

Lintupunkit tulevat useimmiten eläimille ulkoa kerättyjen oksien, käpyjen tai kasvien mukana. Kuitenkin, jos punkkeja on runsaasti luonnossa, voi myös ihminen tai esim. koira tuoda niitä mukanaan kotiin. Eräänä vuonna oli Etelä-Suomessa niin paha lintupunkkiepidemia, että paikoitellen neuvoloissakin varoiteltiin, koska punkin puremat ovat vauvoille ikäviä.

Nopea toiminta on tärkeintä, kun huomaa gerbiileissään loisia. Eläimet tulisi käyttää eläinlääkärillä diagnoosin varmistamiseksi ja jotta eläinlääkäri voi määrätä eläimelle Ivomec-kuurin. Lääkettä annetaan eläimille sekä sisäisesti, että ulkoisesti: eläin pestään lääkkeellä. Terraariot tulee pestä ja desinfioida hyvin. Kaikki huoneessa olleet purut, ruuat ja heinät hävitetään. Puiset virikkeet voi käsitellä uunissa n. 150-200c asteessa 15 minuuttia tai kauemmin. Tämän käsittelyn pitäisi tappaa useimmat loiset.

Huone tulisi siivota mahdollisimman hyvin ja ruiskuttaa hyönteismyrkyllä. Myrkytyksessä on hyvä kiinnittää huomiota erilaisiin rakoihin, esim. ikkuna- ja lattialistat, koska nämä ovat punkeille hyvin mieluisia asuinpaikkoja. Toimenpiteet toistetaan 10 päivän päästä. Jos gerbiileilläsi on loisia, on äärimmäisen tärkeää, että ne eivät pääse leviämään muiden eläimiin. Siksi Gerbiiliyhdistys suosittaa 2 kuukauden karanteenia, jonka aikana ei tulisi osallistua näyttelyihin eikä myydä eläimiä eteenpäin. Aika lasketaan viimeisimmästä punkkihavainnosta. Jos harrastat aktiivisesti gerbiiliesi kanssa, olisi hyvä tiedottaa myös muita harrastajia tar-

tunnasta. Näin ihmiset osaavat tarkkailla omia eläimiään ja huomata punkkitartunnan mahdollisimman ajoissa.

Gerbiileillä on ollut epäilyksiä myös sikaripunkeista. Sikaripunkki aiheuttaa karvattomia läiskiä, ihotulehduksia ja ihottumaa. Hoidosta kannattaa kysellä eläinlääkäriltä.

Sisäloiset

Gerbiilillä voi olla myös sisäloisia. Tartunta voi olla pitkään oireeton. Jos gerbiilin vastustuskyky syystä tai toisesta on huonompi, sisäloiset voivat laskea eläimen kuntoa dramaattisesti. Oireina sisäloisista ovatkin laihtuminen ja huono kunto sekä pörhöllään oleva turkki.

Parin gerbiilin omistajan ei tarvitse madottaa eläimiään kuin siinä tapauksessa, että sisäloisista on selvä epäilys tai mikäli eläinlääkäri on todennut niitä. Kasvattajia suositellaan madottamaan eläinkaupoista ja ulkomailta ostetut eläimet ennen niiden lisäämistä muiden gerbiiliensä seuraan. Lisäksi eläimet olisi hyvä madottaa kerran tai kaksi vuodessa.

Gerbiilillä on todettu kihomatoja ja kääpiöheisimatoja. Kihomatojen häätöön sopivia lääkkeitä ovat mm. Axilur ja Flubenol. Kääpiöheisimatoja häädetään Kontalnimisellä lääkkeellä. Kaikkia näitä saa apteekista reseptivapaasti. Jos eläimellä epäillään matoja, se tulisi madottaa mitä pikimmiten. Tiedetään tapauksia, joissa loiset ovat olleet osasyyllisiä eläimen kuolemaan.

Lääkkeiden annostelusta
Annokset määräytyvät gerbiilin painon mukaan.

Axilur tabletti 50 mg / g
Annostus: 5mg / 100g. Tämä on hyvin pieni annos. Esimerkiksi ¼ tabletilla madottaa n. 5-7 gerbiiliä. Lääkettä annetaan viiden päivän kuuri. Lääke liuotetaan pieneen

määrään vettä ja annetaan ruiskulla (ilman neulaa) suoraan suuhun. Lääkettä ei voida antaa juomaveden mukana.

Axilur mikstuura 25 mg / ml
Annostus: 0,1 ml /100 g. Annetaan viiden päivän kuurina. Lääke voidaan sekoittaa juomaveteen. Tällöin pulloon laitetaan vettä yhden päivän annos gerbiiliä kohden ja lääkkeet. Mikstuuraa saa vain lääkärin määräyksellä.

Flubenol jauhe 50 mg / g
Annostus: 5mg/100g. Tämäkin annos on hyvin pieni. 100mg vastaa n. ¼ teelusikallista. Annetaan kolmen päivän kuurina. Lääke voidaan sekoittaa juomaveteen. Tällöin pulloon laitetaan vettä yhden päivän annos gerbiiliä kohden ja lääkkeet.

Kontal-tabletti 500mg / tabletti
Annostus: 10mg/100g. 1/5 tablettia riittää n. 10 gerbiilille. Kerta-annos riittää. Lääke liuotetaan pieneen määrään vettä ja annetaan pienellä ruiskulla (ilman neulaa) suoraan suuhun. Lääkettä ei voida antaa juomaveden mukana.

Matolääkeannostusten lähteenä on käytetty Minna Koivun kirjoittamaa artikkelia Sisäloistenhäätö gerbiileillä, deguilla ja muilla hyppymyyrillä. Teksti löytyy internetistä osoitteesta: http://www.gerbiiliyhdistys.fi/gerbiilit/madot.html

Tapaturmat
Jokainen yrittää varmasti pitää gerbiileistään mahdollisimman hyvää huolta, mutta tapaturmia saattaa silti sattua. Seuraavassa muutamia yleisimpiä tapaturmia – tunnistamalla riskejä voi yrittää välttää tapaturma-alttiita tilanteita.

Tappelut
Gerbiilien välisille tappeluille ei omistaja voi mitään. Joskus pitkään yhdessä asuneet gerbiilit saattavat aivan yllättäen tapella.

Tappelusta seuraavat vammat ovat puremalla aiheutettuja haavoja (jossain tapauksissa saattaa syntyä myös venähdyksiä raajoihin).

Ensimmäiseksi eläimet tulee erottaa toisistaan. Jos olet erottanut ne kesken tappelun, voi olla turvallisinta antaa niiden hetki rauhoittua ennen kuin tarkistetaan vammat. Jos eläin on selvästi huonossa kunnossa, sen haavat ovat syviä tai niitä on paljon, kannattaa ottaa yhteyttä eläinlääkäriin. Hän voi antaa eläimelle nestettä pistoksena ihon alle sekä antibioottikuurin ehkäisemään tulehduksia. Eläinlääkäri voi pyynnöstä antaa eläimelle myös kipulääkettä, joka helpottaa oloa. Jos puremia on muutamia, eivätkä ne näytä erityisen pahoilta, voidaan haavat hoitaa kotikonstein. Haavat puhdistetaan haavojen puhdistusaineella ja niiden paranemista seurataan tarkkaan päivittäin. Jos haavat eivät parane ja iho punoittaa, on haavauma mitä luultavimmin tulehtunut ja joudut käymään eläinlääkärillä saadaksesi antibiootit tulehduksen hoitoon.

Häntävammat
Häntävammoja syntyy gerbiilien tapellessa ja toisen purressa häntään. Gerbiilin häntä saattaa myös vaurioitua, jos siitä tartutaan väärin tai häntä jää kiinni johonkin. Puremahaavoja hännässä hoidetaan niin kuin muitakin haavoja, mutta jos puremia on paljon, kannattaa tilannetta seurata erityisen tarkkaan kuolioriskin vuoksi. Jos haavat hännässä tulehtuvat pahoin tai siihen tulee kuolio, joudutaan häntä luultavasti amputoimaan eläinlääkärin toimesta. Gerbiili pystyy elämään loppuelämänsä ihan hyvin ilman häntää.

Jos gerbiili jää hännänpäästään johonkin kiinni tai siitä tartutaan, hännänpää kuoriutuu helposti pois. Jos omistaja ei ole nähnyt itse tapaturmaa, hän huomaa yhtenä päivänä hännän päästä törröttävän luupiikin; hännästä on kuoriutunut karvat ja nahka luun päältä pois. Tällaista vammaa tulee seurata kuten tavallista haavaakin tulehdus-vaaran vuoksi. Yleensä eläinlääkärissä käynti ei ole tarpeen. Hännänpää kuivuu nopeasti ja luunpätkä tippuu pois ilman toimenpiteitä.

Luunmurtumat ja venähdykset
Gerbiili voi loukata jalkansa esimerkiksi tippuessaan. Jalasta kannattaa ensin tarkistaa mahdolliset näkyvät vammat. Jos ei näy vaurioita, eläin voidaan hoitaa kotona. Hoitona yksinkertaisesti lepo. Eläintä ei tule juoksuttaa ennen kuin jalka on täysin parantunut ja terraariossa sisustus kannattaa karsia mahdollisimman yksinkertaiseksi. Purua on hyvä olla vain vähän ja mahdollisesti joku yksittäinen piilopaikka, mutta ei muuta. Näin vähennetään tassulle tulevaa rasitusta.

Jos jalassa on haavoja, ne hoidetaan kuten muutkin haavat. Jos luu on todella poikki ja luun pää pistää ihosta läpi, tulee ottaa yhteyttä eläinlääkäriin ja keskustella jatkosta. Onneksi näin vakavia tapaturmia gerbiilille sattuu todella harvoin.

Sähköiskut
Jos vapaana juokseva gerbiili pääsee puremaan sähköjohtoa, siitä saattaa seurata sähköisku. Se voi olla kohtalokas. Jos gerbiili kuitenkin selviää saamastaan tärskystä, kannattaa se käyttää varmuuden vuoksi eläinlääkärin tarkastuksessa. Sähköisku on aina vaarallinen.

Liikalihavuus
Joskus gerbiilit saattavat pyöristyä liiaksi. Tätä voi olla vaikea hahmottaa, jos ei ole aikaisempaa kokemusta gerbiileistä. Eteenkin osa uroksista on malliltaan pyöreitä. Näyttelyssä eläimelle saatetaan antaa huomautus, ettei se saisi enää lihoa enempää. Liikalihavuus altistaa gerbiilin monille sairauksille. Lihavan gerbiilin hoitoresepti on sama kuin millä tahansa muullakin eläimellä. Ruuasta tulisi karsia ylimääräinen rasva

pois, ei kuitenkaan kaikkea, tarjota useammin tuoreruokaa ja huolehtia, että gerbiili pääsee purkamaan energiaansa esimerkiksi juoksutusaitauksessa tai puuhalaatikossa.

Huojuminen
Jotkin gerbiilit huojuvat puolelta toiselle seistessään takajaloillaan. Tämä ei ole sairaus vaan tyypillinen ominaisuus joillain vaaleilla värimuunnoksilla. Huojumisen on epäilty olevan yhteyksissä siihen, että eläin tarkentaa näkökenttäänsä.

Gerbiilin sairaudet – oirehakemisto

Tässä lueteltuna vielä muutamia tavallisimpia sairauden oireita, joita gerbiilillä saattaa esiintyä ja viittaukset sairauksiin, joista löytyy enemmän tietoa.

Apaattisuus: Iäkkäällä gerbiilillä apaattisuus saattaa olla merkki aivan luonnollisesta vanhenemisesta. Nuorella gerbiilillä kyseessä on luultavimmin sairauden oire, joka voi viitata melkein mihin tahansa. Sairautta kannattaa etsiä muiden oireiden perusteella esim. niiskutus, raskas hengitys, laihtuminen tai ripuli.

Hengityksen naksuminen, tuhiseminen, rohiseva hengitys: Viittaavat hengitystietulehdukseen. Kts. flunssa. Poikasilla naksutauti.

Pörröinen turkki: Pörröinen turkki on yleensä merkkinä yleiskunnon laskusta ja siksi tämä ei ole varsinainen sairauden oire. Sairautta kannattaa etsiä muiden oireiden perusteella. Pörröinen turkki voi johtua myös kylmästä tai vedosta.

Karvattomat kohdat turkissa: Karvattomat kohdat turkissa voivat viitata ulkoloisiin, ihotulehdukseen tai laumassa oleviin ongelmiin. Karvan puuttuminen voi johtua myös siitä, että gerbiili kaivelee ahkerasti sellaisessa kolossa jossa turkki kuluu kovaa materiaalia vasten (esimerkiksi kukkaruukku, pesäkoppi tms.).

Laihtuminen: Laihtuminen voi johtua monista eri syistä ja kulkee yleensä yhdessä yleiskunnon laskun kanssa. Kts. hammasviat, munuaisviat, sisäloiset, ripuli.

Ripuli: Ripulista löytyykin ihan omasta sairauskohdasta. Lisäksi ripuli voi olla oire salmonellasta (harvinaisempaa).

Elämän ehtoopuoli – gerbiili vanhenee

Se on valitettavasti jokaisella gerbiilinomistajalla edessä. Gerbiilin elämä alkaa lähestyä loppuaan. Jos gerbiili on perusterve, eikä saa iän myötä mitään sairauksia, tulet luultavasti ensin huomaamaan gerbiilin nukkuvan tavallista enemmän. Se ei enää samalla tavalla jaksa riehua terraariossaan ja liikkeisiin tulee iän mukanaan tuomaa verkkaisuutta. Gerbiili saattaa laihtua hieman ja lopussa se voi vaikuttaa apaattiselta.

Useimmat gerbiilit, joilla ei ole mitään erityistä sairautta, nukahtavat vain. Joidenkin kohdalla se tapahtuu aivan varoittamatta, ilman sen kummallisempia oireita. Jos gerbiili vaikuttaa sairaalta, on se vietävä eläinlääkärille. Iäkästä gerbiiliä voi vaivata moni hoidettava sairaus ja tulee muistaa, että vaikka gerbiilin keski-ikä onkin 2,5-3,5 vuotta, ei ole tavatonta, että gerbiili elää 4-5-vuotiaaksi. On väärin lähteä lopettamaan eläintä 3-vuotiaana sen vuoksi, että ”kohta se kuolee kuitenkin”. Todellisuudessa, jos hyvä tuuri käy, se saattaa elää vielä pitkälle toista vuotta.

Gerbiili kuolee

Ensimmäisen lemmikkijyrsijän kuollessa omistaja törmää usein surun lisäksi kysymykseen mitä kuolleelle eläimelle tehdään. Monet haluavat haudata eläimen pihamaalle tai johonkin itselleen tärkeään paikkaan. Tämä onkin hyvä ratkaisu, mutta esimerkiksi kerrostalon piha-alueelle lemmikin hautaaminen on kiellettyä. Lisäksi luonto voi asettaa rajoitteita – maan ollessa roudassa talviaikaan hautaaminen voi olla hyvin vaikeaa. Tällöin tosin yksi vaihtoehto on säilöä kuollut gerbiili pakastimessa maan sulamiseen asti.

Jossain kaupungeissa on tarjolla mahdollisuus gerbiilin tuhkaamiselle. Nämä ovat usein niin sanottuja yhteistuhkauksia, joissa useita pienlemmikkejä poltetaan kerralla, eikä tuhkaa saa itselleen. Jotkut ratkaisevat asian viemällä eläimen jäteastiaan, mutta se voi ratkaisuna tuntua monesta pahalta. Lapsen lemmikin kuollessa vanhempien olisi hyvä muistaa, että suru on pienestäkin eläimestä suuri. Pienet hautajaiset voivat auttaa surutyön tekemisessä.

Terraarion siivous

Opit varmasti melko pian mikä on sopiva siivousväli sinun terraariollesi ja gerbiileillesi. Tämä vaihtelee jonkin verran riippuen siitä, onko terraario pieni vai suuri ja asuuko siellä esimerkiksi kaksi vai neljä gerbiiliä. Terraariota ei pääsääntöisesti tarvitse siivota useammin kuin kolmen tai neljän viikon välein. Siivouksesta kehkeytyy jokaiselle oma rytmi ja tapa, mutta tässä joitakin perusohjeita.

Gerbiilit poistetaan siivouksen ajaksi terraariostaan. Ne sijoitetaan esimerkiksi kuljetusboksiin, juoksutusaitaukseen, puuhalaatikkoon tai vaikka muoviämpäriin, jonka pohjalla on purua. Vanhat purut kerätään terraariosta. Viimeiset purujen rippeet on helppo imuroida pois.

Terraariota ei yleensä tarvitse suuremmin pestä, pelkkä märällä rätillä ja hyvin miedolla pesuaineella pyyhkäisy riittää. Terraarion tulee kuivua tämän jälkeen ennen uusia kuivikkeita. Jos terraariossa on asunut gerbiilejä, jotka ovat olleet sairaita tai kuolleet, terraarion ja kalusteet voi desinfioida kaupoista saatavalla muoville ja lasille sopivalla yleisdesinfiointiaineella. Desinfioinnin jälkeen on hyvä antaa terraarion tuulettua kunnolla ennen sisustamista.

Kun purut, pesätarvikkeet, pesäkopit ja muut virikkeet on asetettu paikalleen, gerbiilit palautetaan tutkimaan siivottua kotiaan.

Kynsien leikkaus

Yleensä gerbiilin kynsiä ei tarvitse leikata. Jos gerbiilin kynnet näyttävät kasvavan liian pitkiksi, voi terraarioon laittaa kukkaruukun, joka on asetettu kyljelleen. Näin gerbiili kuluttaa kynsiään kukkaruukussa kaivellessa. Joskus kynnet saattavat kuitenkin kasvaa liian pitkiksi ja niistä voi olla haittaa eläimelle. Kynnet ovat ehdottomasti lyhennettävä jos
*ne kaartuvat gerbiilin tassua kohden tai
*gerbiilillä esiintyy nokkatautia ja kynnet vaikuttavat pitkiltä.

Kynsien leikkaus voi olla vaikeaa ensimmäisillä kerroilla ja jos tunnet olosi epävarmaksi voi olla parempi, että pyydät jotakuta lähistöllä asuvaa kasvattajaa tai eläinlääkäriä näyttämään miten se tehdään. Eläinlääkäri luonnollisesti perii tästä jonkin pienen maksun, mutta se on pieni hinta siitä, ettet vahingossa leikkaa gerbiililtäsi varpaita tai koko tassua.

Hyviä työvälineitä gerbiilien kynsien leikkaukseen löytyy useita. Itse leikkaan kynnet pienillä jyrsijöiden kynsisaksilla, jotka ovat aivan samanlaiset kuin koirien vastaavat, mutta pienemmät. Toiset leikkaavat ihmisten kynsisaksilla ja jotkut vannovat ns. kynsileikkurin nimiin. Osa gerbiileistä antaa leikata kyntensä jopa niin helposti, että kynnet vain napsaistaan yksi kerrallaan poikki gerbiilin istuessa kädellä. Joidenkin kanssa on hyvä ottaa avuksi käsittelykohdassa annetut vinkit. Gerbiilin voi kääntää selälleen joko ottamalla kiinni lapojen ja pään yhtymäkohdasta ja kääntämällä gerbiilin selkä kämmentä vasten. Toinen, kaikkein hankalimmille tapauksille varattu tapa, on ottaa kiinni niskanahasta, jolloin vaikeinkin gerbiili yleensä pysyy paikoillaan. Eteenkin ensimmäisillä kerroilla voi olla helpointa pyytää jotakuta muuta pitämään eläintä sillä aikaa kun itse leikkaat kynnet.

Gerbiilin kynsissä kulkee verisuonia. Vaaleissa kynsissä nämä ovat helposti nähtävissä valoa vasten tummana alueena. Kynnet tulisi leikata niin, ettei leikkauskohta ulotu suoniin. Tummissa kynsissä suonia ei näe. Tällöin kannattaa leikata ensi alkuun vain se terävin kärki pois ja jos kynnet tuntuvat senkin jälkeen liian pitkiltä, leikata lisää vähän kerrallaan.

Kynsien leikkaamista voi myös harjoitella pikkuhiljaa niin, että leikkaat yhtenä päivänä osan kynsistä ja jatkat sitten seuraavana päivänä. Näin pääsette gerbiilisi kanssa kumpikin alkuun vähän vähemmällä.

Vahinkoja sattuu
Valitettavasti kynsien leikkaus ei ole täysin ongelmatonta ja vaikka olisi leikannut kymmeniä kertoja gerbiilien kynsiä, vahinkoja voi sattua. Yleisin vahinko lienee se, että leikataan verisuoneen. Tämä ei ole vaarallista, mutta epämukavaa. Kynnestä vuotaa jonkin aikaa verta ja operaatio on parasta jättää siltä päivältä. Vuoto kuitenkin tyrehtyy pian, eikä kannata pelästyä liikaa.

Eloisan gerbiilin ollessa kyseessä leikkaaminen voi olla todella vaikeaa ja tällöin riskiksi muodostuu se, että kynsien lisäksi leikataan varpaita tai jopa koko tassu. Tästä syystä kynsiä leikatessa tulisi aina olla hyvin varovainen. Jos gerbiiliä joutuu pitämään selällään kynsien leikkaamisen ajan on riskinä myös, että eläin rimpuillessaan venäyttää jalkansa. Jos näin käy, eläimen tulisi antaa olla mahdollisimman rauhassa. Jalka paranee kyllä ajan kanssa. Jos olet vahingossa leikannut gerbiilisi varpaita, käänny eläinlääkärin puoleen.

Gerbiilin peseminen

Gerbiiliä joutuu pesemään äärimmäisen harvoin. Yleisin syy pestä gerbiili on osallistuminen näyttelyyn, eikä tällöinkään läheskään kaikkia gerbiilejä tarvitse pestä.

Gerbiilit eivät pidä vedestä ja siksi pesu tulee hoitaa mahdollisimman nopeasti ja varmasti. Helpoin tapa pestä gerbiili on kastella se ensin kädenlämpöisen (huolehdithan tarkkaan, että vesi on oikean lämpöistä) juoksevan veden alla (ei päätä). Tämän jälkeen turkkiin hierotaan laimennettua koirashampoota ja huudellaan huolellisesti. Käsittely voidaan tarvittaessa toistaa, jos lika ei ensimmäisellä kerralla lähtenyt.

Kaikkein tärkeintä gerbiilin pesemisessä on pitää se pesun jälkeen lämpimässä. Eläintä voi kuivata ensin pyyhkeellä ja sen jälkeen pakata kuljetusboksiin, joka on täynnä suikaloitua wc- tai talouspaperia. Kuljetusboksi pidetään lämpimässä ja vedottomassa paikassa.

Virikkeet

Gerbiilit ovat puuhakkaita ja uteliaita eläimiä, joille olisi tärkeää tarjota erilaisia virikkeitä ja puuhamahdollisuuksia. Virikkeet voidaan jakaa virikkeisiin terraariossa ja sen ulkopuolella.

Terraariossa
Kaikki alkaa terraarion perussisustuksesta. Moni pitää gerbiilille kaikkein tärkeimpänä virikkeenä paksua kerrosta kuivikkeita. Tämä antaa eläimelle mahdollisuuden kaivella, rakennella tunneleita ja siten käyttäytyä niin kuin gerbiili luonnossa tekisi.

Jos mahdollista terraariossa olisi hyvä olla erilaisia tasoja, jotka tuovat lisää pinta-alaa ja erilaisia mahdollisuuksia gerbiilille. Gerbiili pääsee hyppimään tasolta toiselle ja ruokakuppia ei saa peitettyä puruihin, jos se on nostettu ylätasolle jne.

Terraariossa on hyvä olla pysyviä piilopaikkoja gerbiilin lepopaikoiksi. Näitä ovat pesäkopit, keraamiset mökit, kukkaruukut, kookospähkinän kuoret jne.

Kukkaruukut terraarion sisustuksena ovat hyviä myös siksi, että monet gerbiilit pitävät kyntensä lyhyinä kaivellessaan ruukuissa. Kukkaruukkujen kanssa tulee kuitenkin olla erittäin huolellinen ja varovainen, koska jossain tapauksissa gerbiilit ovat saaneet kaadettua kyljellään olevan kukkaruukun nurinpäin ja jääneet sisälle vangiksi. Myös kukkaruukkujen pohjareiän kanssa kannattaa olla tarkka. Joskus gerbiilit ovat onnistuneet työntämään päänsä reiästä ja jääneet näin jumiin.

Eläinkaupoissa on saatavilla erilaisia puisia siltoja, puuhanurkkia ja katoksia, joita voidaan hyvin käyttää terraariossa. Tikkaat ovat yleensä turhia, koska gerbiilit eivät

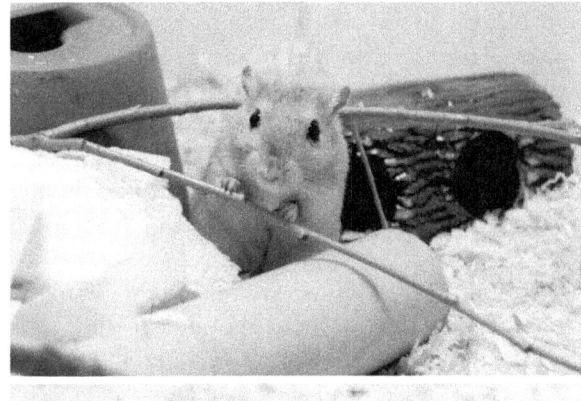

niissä kiipeile vaan nakertavat ne hajalle. Siivouksen yhteydessä voi terraariossa olevien esineiden paikkaa muuttaa ja virikkeitä vaihdella.

Pysyvien virikkeiden jälkeen tulevat vaihtuvat virikkeet. Gerbiilit ovat jyrsijöitä ja rakastavat kaikenlaista nakerrettavaa. Kotoa löytyy paljon erilaista pahvia mikä kelpaa tehokkaalle silppuamiskoneelle puuhaksi. Näistä jotain mainitakseni: wc- ja talouspaperirullien hylsyt, muro- ja keksipaketit, kananmunakennot jne. Siis kaikkinainen puhdas pahvi käy. Sen sijaan maito- ja muita nestetölkkejä ei suositella annettavaksi niiden vahapinnan vuoksi. Pesämateriaaliksi kelpaavat wc- ja talouspaperi sekä heinä, joka on myös mitä mainiointa nakerrettavaa.

Myös esimerkiksi kangaskaupoista voi käydä kyselemässä paksuja pahvisia putkia. Nämä kestävät gerbiileillä yleensä paljon pidempään kuin talouspaperiputket, joskus jopa niin pitkään, että eläimet ennemmin pissivät ne piloille, kuin nakertavat hajalle.

Erilaisten pahvirasioiden huvitusarvoa voidaan lisätä täyttämällä laatikko ensin heinällä tai talouspaperilla, jonka joukkoon voidaan sujauttaa myös muutamia herkkuja. Näin laatikossa riittää huvia pidemmäksi aikaa.

Ulkoa voi kerätä nakerrettavaksi oksia ja käpyjä. Kannattaa suosia lehtipuiden oksia, havupuissa on usein pihkaa. Hyviä puulajeja ovat muun muassa koivu, vaahtera ja omenapuu. Nämä olisi hyvä käyttää uunissa 200 asteessa noin kymmenen minuuttia mahdollisten loisten varalta. Jos oksat ovat niin isoja, etteivät mahdu uuniin voidaan ne käsitellä ensin pesemällä kuumalla vedellä ja harjalla ja sen jälkeen kuivuttuaan pitää noin tunti 80 asteisessa saunassa. Lintupunkit eivät kuole pakkasessa, joten pakastamisesta ei ole hyötyä.

Ruoka virikkeenä

Ruoka voidaan kuppiin laittamisen sijasta ripotella purujen sekaan. Näin gerbiileillä riittää puuhaa sitä etsiessään. Kokonaiset maapähkinät ovat luonnon omia herkkupiiloja. Koska pähkinät ovat rasvaisia, näitä ei pitäisi tarjota paljon kerrallaan. Silloin tällöin on hauska seurata vierestä kuinka gerbiili nakertaa kuoren rikki saadakseen herkkupalan. Eläinkaupoista on saatavilla erilaisia siementankoja, joita voi ripustaa roikkumaan vaikkapa terraarion kattoon.

Hiekkakylpy

Suomen eläinsuojelulaki määrittelee, että gerbiileille on tarjottava mahdollisuus pitää huolta turkistaan kylpemällä: *Gerbiilin, sinsillan ja degun pitopaikassa on tarvittaessa oltava mahdollisuus kylpeä hiekassa tai muussa vastaavassa materiaalissa.* Eläinkaupoista saa ostettua chinchillan kylpyheikkaa, joka on erittäin hienojakoista. Hiekka laitetaan joko kuljetusboksin pohjalle, jolloin gerbiilit nostetaan laatikkoon kylpemään, tai kylpyastiaan, joka asetetaan terraarioon hetkeksi. Astiaa ei kannata jättää terraarioon pitkäksi ajaksi, koska gerbiilit peittävät sen puruilla. Lisäksi gerbiilit saattavat pitää hiekka-astiaa vessanaan, jolloin hiekka likaantuu nopeasti.

Terraarion ulkopuolella

Jos gerbiilien terraario on todella iso ja siellä on riittävästi virikkeitä, ei gerbiilien juoksuttaminen ole välttämätöntä. Se voi silti olla gerbiileille mukavaa vaihtelua ja sinulle hauskaa seurattavaa.

Puuhalaatikko

Gerbiileille voi tehdä puuhalaatikon. Sen voi rakentaa tavalliseen isoon pahvilaatikkoon. Laatikon pohjalle tulee kerros puruja ja sen jälkeen samaan tapaan kuin terraarioon erilaisia piilo- ja kiipelypaikkoja, paljon erilaista nakerrettavaa ja ehkä joitain erikoisherkkuja.

Laatikko tarjoaa hyvän mahdollisuuden gerbiilien juoksuttamiselle, koska tällöin ei tarvitse miettiä juoksutustilassa olevia huonoja piilopaikkoja tai vaikkapa johtoja. Juoksutuslaatikossa olevia eläimiä tulee silti vahtia koko ajan, koska pahvisesta laatikosta eläimet voivat nakertaa itsensä ulos. Gerbiilit pystyvät myös melkoisiin hyppyihin, joten matalammasta laatikosta eläin saattaa karata reunan yli hyppäämällä.

Juoksutus aitauksessa tai huoneessa

Jos gerbiilien antaa juosta vapaasti huoneessa, tulee miettiä tarkkaan, onko siellä gerbiileille haitallisia asioita tai koloja, joista niitä voisi olla vaikea saada kiinni. Sähköjohdot ja myrkylliset kasvit tulee aina nostaa gerbiilien ulottumattomiin. Lisäksi kannattaa ennen ensimmäistä juoksutuskertaa tarkkaan miettiä onko huoneessa jotain mitä gerbiilit eivät missään nimessä saisi nakertaa. Huoneessa juoksutettaessa kannattaa informoida muuta perhettä siitä, että gerbiilejä on vapaana. Näin varmistetaan, ettei kukaan tule vahingossa huoneeseen varoittamatta ja mahdollisesti päästä gerbiilejä karkuun tai jätä eläintä oven väliin. Kaikki liikkuminen samassa huoneessa gerbiilien kanssa tulee tehdä mahdollisimman varovaisesti, jottei pieni eläin jää jalkoihin.

Jos samassa taloudessa gerbiilien kanssa asuu kissoja tai koiria, näidenkin suhteen on oltava erityisen varovainen gerbiiliä juoksuttaessa. Koira, joka näyttää suhtautuvan gerbiileihin rauhallisesti, saattaa hyvin sännätä vapaana juoksevan eläimen perään ja vahingoittaa tätä pahasti. Kissoille gerbiili muistuttaa luonnollista saaliseläintä, joten vapaana oleva gerbiili aktivoi herkästi kiltinkin kotikissan metsästysvietin. Lisäksi tulee aina muistaa, että vastuu lemmikkien kohtaamisesta on omistajalla. Jos kissa tai koira vahingoittaa vapaana juoksevaa gerbiiliä, ei vika ole kissassa tai koirassa vaan ihmisessä, joka päästi eläimet samaan tilaan. Sama koskee myös muita vieraita eläimiä. Toisilleen vieraita gerbiilejäkään ei tule päästää samaan tilaan juoksemaan.

Jos juoksuttaa eläimiä vapaana huoneessa kannattaa varautua myös siihen, etteivät eläimet välttämättä ihan noin vain anna ottaa itseään kiinni. Eläimet voi houkutella pahviputkeen tai vastaavaan, jossa ne saa helposti nostettua takaisin terraarioon. Eläintä ei tulisi jahdata, koska sillä tavalla rikotaan ihmiseen muodostunutta luottamusta ja gerbiili oppii vain juoksemaan karkuun. Lisäksi jahtaustilanteissa on olemassa riski gerbiilin vahingoittumiselle.

Viime aikoina yhä suositummaksi on tullut juoksuttaa gerbiilejä sitä varten tehdyssä tai ostetussa aitauksessa. Aitaukseen voi laittaa eläimille tutkittavaa samaan tapaan kuin puuhalaatikkoon ja gerbiilit on helpompi saada kiinni rajatulta alueelta. Luonnollisesti näin eläimellä ei myöskään ole niin paljon piilopaikkoja, joista se voisi olla vaikea saada kiinni. Eläimiä tulee valvoa koko juoksutuksen ajan.

Gerbiilin kanssa ulkoilu
Gerbiilin ulkoiluun pihalla liittyy niin paljon vaaroja ja hyvin vähän todellista iloa eläimelle, että tulisi tarkoin miettiä miksi haluaa viedä eläimensä ulos. Gerbiiliä ei tule ulkoiluttaa talvella eikä myöskään kevään/syksyn viileillä keleillä, kovassa tuulessa tai kostealla säällä. Gerbiiliä ei voi missään nimessä ulkoiluttaa valjaissa. Gerbiili ei opi kulkemaan niissä, saattaa päästä niistä irti tai jopa riuhtoa itseään valjaissa niin, että loukkaantuu.

Ulkoillessa karkaamisen mahdollisuus on melkein aina olemassa ja jos gerbiili pääsee ulkona karkuun, sitä ei välttämättä saakaan enää kiinni. Gerbiili saattaa säikähtää jotain ja paeta, jonka jälkeen se ei enää osaa palata takaisin. Lisäksi ulkona vaanivat monet pedot, naapuruston kissat ja koirat, sekä esimerkiksi haukat ja muut jyrsijöitä saalistavat eläimet. Ulos jäänyt gerbiili ei selviä Suomen keleissä välttämättä edes syksyllä tai keväällä talvipakkasista puhumattakaan.

Jos gerbiiliä haluaa ehdottomasti ulkoiluttaa, tulisi sen tapahtua aitauksessa, jossa on verkkopohja, jottei gerbiili pääse kaivautumaan sen ali. Sekä mielellään katto, jottei mikään eläin pääse gerbiilin kimppuun ja jotta gerbiili ei pääse hyppäämään tai kiipeämään aitauksesta. Gerbiileillä tulisi olla aitauksessa myös suojapaikka, koska avoin alue saattaa pelottaa gerbiilejä.

Virikkeet, joita ei suositella gerbiileille
- Avonaiset juoksupyörät (loukkaantumisriski)
- Juoksupallot (eivät sovellu oikein millekään eläimelle, aiheesta omassa kappaleessaan lisää)
- Muoviset virikkeet (gerbiilit voivat nakertaa muovia, johon voi tulla teräviä särmiä ja lisäksi muovia voi päätyä gerbiilin elimistöön)
- Maito- tms. nestepakkaukset (pinnoitteensa vuoksi ei suositella nakerrettavaksi)
- Pesävanu, pumpuli, vaahtomuovi, styroksi (suolistotukoksen vaara, jos eläin sattuu nielemään ainetta)
- Sanomalehti (painomuste on gerbiileille haitallista)

Juoksupyörät ja – pallot
Juoksupyöriä ei suositella gerbiileille, koska useimmat umpinaiset juoksupyörät ovat muovisia ja avoimissa, metallisissa gerbiilin häntä saattaa loukkaantua pinnojen välissä. Juoksupyörä ei ole gerbiilille tarpeellinen, mutta jos löytää sopivan pyörän voi sitä käyttää esimerkiksi juoksutusaitauksessa. Tällöin on helppo valvoa, ettei gerbiili nakerra pyörää, jos se on muovia.

Juoksupallot puolestaan eivät sovellu oikeastaan millekään eläimelle. Eläimestä ei varmastikaan ole hauska olla suljettuna palloon, joka pyörii vapaasti sinne tänne, törmäilee seiniin ja huonekaluihin, eikä eläin pääse sieltä halutessaan pois. Gerbiili tuskin oppii hallitsemaan täysin juoksupallon liikkeitä, joten epävakaa ja gerbiilin kannalta arvaamaton alusta aiheuttaa eläimelle stressiä. Juoksupallot ovat muovia, joten ne eivät materiaalinsakaan puolesta oikein sovi gerbiileille. Jalustalleen asetettuna (jos pallossa on jalusta) pallo on kuin umpinainen juoksupyörä, jota voi tarjota gerbiilille tutkittavaksi juoksutettaessa.

Gerbiilit ja muut eläimet

Gerbiilin paras ystävä on toinen tuttu gerbiili ja muiden eläinten kanssa sitä ei kannata päästää lähietäisyydelle (ei edes vieraan gerbiilin). Gerbiilejä voidaan pitää samassa asunnossa kissojen ja koirien kanssa, mutta tällöin tulee olla erityisen tarkka terraarion turvallisuudesta. Gerbiilit eivät missään nimessä saisi päästä karkuun, koska kaikkein rauhallisimmallakin kotikoiralla saattavat metsästysvietit herätä pienen jyrsijän vilistellessä pitkin lattioita. Kissat ovat petoja ja varmasti lähes jokainen kissa ottaa gerbiilipaistin välipalaksi tai ainakin leikkikaluksi, jos suinkin saa. Uudemmista lemmikeistä fretit ovat melkoisia saalistajia ja niiden kanssa tulee olla erityisen varovainen.

Matelijoita, muita jyrsijöitä ja kaneja voi olla gerbiilin kanssa samassa taloudessa, mutta ne on pidettävä erillään omissa häkeissään tai terraarioissaan. Osa matelijoista saattaa kiinnostua gerbiilistä saaliina, jolloin pahimmassa tapauksessa on tuloksena syöty gerbiili ja puremista kärsivä matelija. Matelijoiden kanssa on muistettava salmonellavaara, eli käsihygieniasta on pidettävä hyvää huolta.

Rottiin sisältyy sama vaara kuin kissoihin ja fretteihinkin. Useimmat rotat ovat petoja, jotka käyvät gerbiilin kimppuun, jos vain mahdollisuus tarjoutuu. Lisäksi rotat ovat niin älykkäitä eläimiä, että saattavat saada terraarion auki, jos se on mahdollista.

Eri lajien välillä suurimpana ongelmana on varmasti se, etteivät eläimet kykene ymmärtämään toisiaan. Kommunikointi on hyvin pitkälle lajille ominaista käytöstä mitä toinen laji sitten taas ei voi ymmärtää. Tästä syystä ei kannata lähteä leikkimään lemmikinsä terveydellä ja elämällä vaan antaa sen elää ainoastaan omien lajitoveriensa kanssa.

Gerbiilien totuttaminen toisiinsa

Gerbiilejä ei kannata päästää tutustumaan toisiin gerbiileihin, jos niitä ei ole tarkoitus totuttaa yhteen loppuelämäksi. Poikkeuksena tästä tietysti uros ja naaras, jotka ovat yhdessä saadakseen poikueen tai kaksi ja erotetaan sitten. Vieraiden gerbiilien kohtaaminen on aina stressaavaa ja jos kyse on aikuisista yksilöistä, se voi olla myös hyvin vaarallista. Joskus gerbiilit, jotka näyttävät jo hyväksyneen toisensa, alkavatkin yllättäen tapella. Tappeluissa eläimet voivat vahingoittua pahoin.

Tutustumisessa olisi parasta käyttää niin sanottua tutustumishäkkiä tai -terraariota. Kyseessä on tila, joka voidaan jakaa kahteen osaan ainakin osittain verkkoa olevalla seinällä. Näin tutustumassa olevat eläimet pääsevät haistelemaan toisiaan ilman tappelun vaaraa.

Luovutusikäiset poikaset hyväksyvät toisensa yleensä nopeasti, eikä ongelmia esiinny. Useimmiten luovutusikäiset poikaset voidaan vain päästää yhteen ja jonkin aikaa tilanteeseen totuteltuaan, ne ovatkin kuin olisivat olleet aina yhdessä. Urosten kohdalla poikasten lisääminen aikuisten seuraksi käy yleensä yhtä vaivattomasti, naaraat usein vaativat lyhyen tutustumisjakson.

Aikuisten eläinten totuttaminen toisiinsa onkin haastavampaa (paitsi, jos kyseessä on uros ja naaras). Tällöin eläimet joutuvat usein asumaan tutustumishäkissä pitkiä aikoja. Eläimiä kannattaa vaihtaa puolelta toiselle, jotta hajut sekoittuvat, eikä eläimille muodostu niin helposti omia reviireitään.

Tutustumishäkkinä voi toimia myös pieni hamsterihäkki, joka asetetaan suuremman terraarion sisälle. Toinen eläimistä asetetaan häkin sisäpuolelle, toinen ulkopuolelle ja tutustuminen tapahtuu, kuten edellä on kerrottu. Tässä on kuitenkin riskinsä, josta tulee olla tietoinen: Häkeissä on usein niin iso pinnaväli, että gerbiilit pääsevät puremaan toisiaan. Jos ei muuten niin pinnojen välistä pilkistävään häntään tai tassuihin. Gerbiilin luulisi pakenevan, jos sitä purraan pinnojen väleistä, mutta näin ei näytä tapahtuvan. Tutustumishäkissä olleita gerbiileitä on joskus raadeltu pahoin.

Kun eläimet ovat olleet tutustumassa joitakin päiviä ja ne eivät osoita toisiaan kohtaan vihamielisyyden merkkejä, voit koettaa eläimiä yhteen. Valmista tähän tarkoitukseen jokin niille täysin puolueeton ympäristö esimerkiksi pahvilaatikkoon, juoksutusaitaukseen tai terraarioon, jossa on puhtaat purut. Eläimiä yhteen yrittäessä kannattaa varata lähelle nahkahansikkaat, jotta pääset erottamaan mahdollisesti tappelevat gerbiilit välittömästi toisistaan saamatta itse puremia. Tappelevat gerbiilit ovat useimmiten toisissaan kiinni "gerbiilipallona" eivätkä siinä tilanteessa katso mihin purevat. Totutus voi viedä joskus hyvinkin pitkän ajan, joten vaaditaan kärsivällisyyttä.

Jos gerbiilit vaikuttavat erityisen varautuneilta, esiintyy jahtaamista tai suoranaista tappelua, kannattaa eläimet erottaa toisistaan tutustumishäkkiin ja koettaa eläimiä uudestaan yhteen muutaman päivän kuluttua. Varautuneita eläimiä voit koettaa vaikka jo seuraavana päivänä, tappelun jälkeen kannattaa antaa tilanteen rauhoittua muutaman päivän ajan.

Jossain tapauksissa on todettu, että varautuneille eläimille voi sopia myös sulkeminen pieneen tilaan, jossa jahtaamistilanteita ei pääse syntymään. Esimerkiksi kuljetusboksissa eläimet ovat lähikontaktissa ja hajut sekoittuvat tehokkaasti. Tällöinkin tilannetta tulee seurata tarkkaavaisesti, koska tappelujen mahdollisuus on tietysti olemassa.

Kun gerbiilit tutustumisen jälkeen muuttavat samaan terraarioon, kannattaa niitä pitää silmällä. Tappeluita voi esiintyä myöhemmin, vaikka ensimmäisinä päivinä kaikki näyttäisikin menevän hyvin. Hyvä tapa testata gerbiilien yhteiselon sopuisuutta, on katsoa miten ne käyttäytyvät juuri täytetyllä ruokakupilla. Jos ruuan ääressä ollaan sopuisasti, ovat eläimet yleensä hyväksyneet toisensa. Eläinten tarkkailua ensimmäisinä päivinä helpottaa, jos terraariossa ei ole hirmuista määrää purua. Näin gerbiilit eivät pääse piiloutumaan tunneleihin ja ovat paremmin seurattavissa.

Totutustilanne voi tulla joskus eteen myös vahingossa tai välttämättömänä. Gerbiili saattaa päästä karkuun ja olla karkureissullaan niin pitkään, ettei enää hyväksykään vanhaa kaveriaan ongelmitta. Gerbiilit ovat hyvin yksilöllisiä siinä miten nopeasti ne "unohtavat" kumppaninsa. Toisia voidaan pitää päivä erossa näyttelyssä ilman mitään ongelmia, toiset tuntuvat unohtaneen kaverinsa parin tunnin eläinlääkärireissun aikana. Suositellaan, ettei gerbiilejä eroteta toisistaan, jos ei ole aivan pakko. Jos nyt syystä tai toisesta gerbiilit kuitenkin ovat jonkin aikaa erossa, eivätkä tunnu hyväksyvän toisiaan enää, kannattaa ne laittaa tutustumishäkkiin. Yleensä tällaisissa tapauksissa riittää parin päivän tutustuminen ja kaverukset saadaan palautettua yhteen.

Yksinäinen gerbiili

Gerbiili voi syystä tai toisesta jäädä yksin. Se on kuitenkin laumaeläin ja siksi olisi hyvä hankkia uusi kaveri tai kaverit, jos suinkin vain on mahdollista. Ihminen ei koskaan voi korvata gerbiilille lajitoverin seuraa. On toki olemassa myös erakkoluonteisia gerbiilejä, mutta nämä ovat äärimmäisen harvinaisia eikä eläintä pitäisi kovinkaan heppoisin perustein lähteä tällaiseksi määrittelemään. Gerbiileissäkin on yksilöitä, jotka eivät yksinkertaisesti tule juttuun jonkun tietyn eläimen kanssa, mutta toisen seurassa viihtyvät loistavasti.

Väitteet, joiden mukaan gerbiili kuolee, jos se jää yksin, ovat vääriä. Gerbiili voi muuttua apaattisemmaksi seuran puutteessa ja kuolla sairauden tai iän vuoksi, mutta toisen gerbiilin ikävään se ei kuole.

Väitetään myös, että yksinäinen gerbiili kesyyntyisi helpommin ja paremmin kuin laumassa asuva. Tämä ei pidä paikkaansa. On ihmiseltä itsekästä evätä eläimeltä lajitoverin seura tällaisen kuvitelman vuoksi. Yksin asuvat gerbiilit ovat usein arempia ja apaattisempia kuin laumassa asuvat lajitoverinsa.

Kuvat yhdenlaisesta "tutustumisterraariosta".

Gerbiilit tarvitsevat lajitoverien läheisyyttä. Vaikka ihminen koettaisi olla kuinka paljon gerbiilinsä kanssa, eläin joutuu kuitenkin olemaan suurimman osan ajastaan yksin. Samassa kasassa nukkuvat gerbiilit ovat hyvin onnellinen näky.

Gerbiilit lomalla

On hyvä pohtia valmiiksi mitä gerbiileille tehdään, kun ihmiset ovat lomalla. Viikonlopuksi gerbiilit voi jättää keskenään kotiin, kunhan niillä on riittävästi ruokaa ja vettä ja terraario on turvallinen. Aina kuitenkin on parempi, jos eläinten vointi tarkistetaan päivittäin. Pidempien lomien aikana gerbiilit voidaan joko ottaa mukaan (esim. mökille tai mummolaan), viedä hoitoon tai joku tuttu voi hoitaa niitä kotona.

Mukaan otettaessa gerbiileillä tulisi olla mukana terraario, tai joku muu isompi asumus. Jos perhe lomailee paljon samassa paikassa, kannattaa miettiä olisiko helpompaa ostaa sinne oma lomakoti gerbiileille. Tällöin terraariota ei aina tarvitse ottaa mukaan. Matkan ajaksi gerbiilit on hyvä pakata kuljetusboksiin, jossa on kuivikkeita ja ruokaa. Jos haluaa tarjota gerbiileille jonkin

piilopaikan, sen tulisi olla pahvinen ja kevyt. Keraamiset, painavat esineet muodostavat vaaratilanteen liikkuessaan terraariossa. Vesipulloa ei tule kiinnittää kuljetusboksiin, koska se luultavimmin vuotaa matkan aikana, eikä gerbiilin ole hyvä märissä puruissa.

Jotkin eläinkaupat ottavat pikkujyrsijöitä hoitoon. Lisäksi voit kysellä saisitko eläimet hoitoon jollekin kaverillesi, toiselle gerbiiliharrastajalle tai vaikkapa kasvattajalle, jolla olisi varmasti kokemusta ja tietoa siitä miten gerbiilejä hoidetaan. Netin kautta voi kysellä löytyisikö alueeltasi joku harrastaja, joka voisi ottaa eläimet hoitoon. Tällöin kannattaa sopia hyvissä ajoin perusasioista, kuten siitä tuotko oman terraarion mukanasi? Omat ruuat? Heinät? Purut? Kannattaa sopia etukäteen hoitajan kanssa miten toimitaan mahdollisen sairastumisen tai tapaturman sattuessa. Lisäksi tietysti sovitaan etukäteen milloin gerbiilit viedään hoitoon ja milloin ne haetaan.

Gerbiilin käyttäytyminen

Gerbiilin käyttäytymistä on mielenkiintoista seurata terraariossa. Joskus voi kuitenkin tulla eteen tilanteita, joissa omistaja miettii, mitä gerbiili käytöksellään tarkoittaa. Puhumattakaan siitä kuinka paljon gerbiilin käytöksestä jää meiltä huomaamatta.

Gerbiili seisoo takajaloillaan, kun se haluaa tutkailla ympäristöään tarkemmin. Tästä asennosta se pystyy näkemään myös mahdollisen vaaran helpommin.

Gerbiili saattaa rummuttaa monista syistä. Rummutukseksi kutsutaan ääntä, jonka gerbiili saa aikaan naputtamalla takajalkojaan maata vasten. Ääni muistuttaa rummutusta. Varmasti yleisin rummutussyy, johon gerbiilinomistaja törmää on varoitusrummutus, kun gerbiili säikähtää jotain. Tätä saattaa edeltää säntääminen pesään piiloon ja rummutus alkaa vasta siellä. Laumassa huomaa myös selvän "työjärjestyksen", joku saattaa jäädä paikoilleen rummuttamaan ja vahtimaan, että muut pääsevät piiloon, ennen kuin seuraa perässä.

Gerbiilinaaraat rummuttavat kiimassa uroksille ja urokset vastaavat niiden rummutukseen.

Joskus gerbiilit rummuttavat tutustuessaan uuteen asuinkaveriinsa. Tällöin kannattaa olla varuillaan, koska gerbiilin rummutus voi olla varoitus- ja parittelurummutuksen (joskus tätä ilmenee, vaikka uusi kaveri olisikin samaa sukupuolta) lisäksi eräänlainen uhkausele.

Gerbiili "laahaa" vatsaansa maata pitkin. Gerbiilillä on vatsassa hajurauhanen, jolla se merkitsee reviiriään. Eteenkin jotkin urokset ovat innokkaita merkkaajia. Käytös on voimakkaammillaan uudessa ympäristössä ja terraariossa purujen vaihdon jäl-

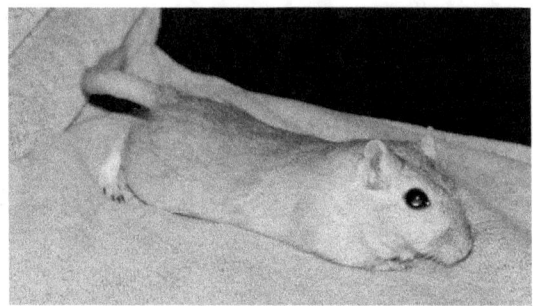

Ylimmässä kuvassa gerbiili näyttää makoilevan, mutta todellisuudessa se merkitsee reviiriään vatsassaan olevalla hajurauhasella. Alemmissa kuvissa eläin peseytyy.

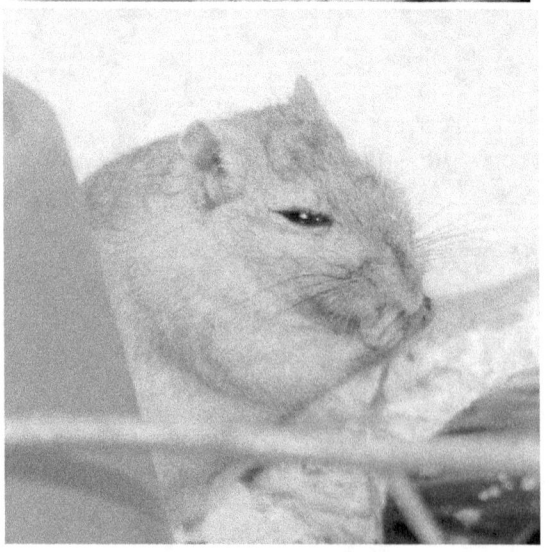

keen. Myös uudet esineet täytyy merkitä.

Peseytyminen on gerbiileille voimakkaasti sosiaalista toimintaa. Kavereita pestään ja samalla lauma merkitään omaksi. Joskus gerbiili voi myös alistaa toista nyppimällä tämän karvoja mistä merkkinä on karvattomia alueita yleensä hännässä tai selässä. Gerbiili saattaa ruveta pesemään naamaansa kiivaasti hämmentyessään.

Jotkin gerbiilit tekevät ruokavarastoja, joihin voivat varastoida uskomattomia määriä siemeniä "pahan päivän varalle". Läheskään kaikki gerbiilit eivät tee varastoja.

Gerbiili heiluttaa häntäänsä. Kyllä, gerbiilikin voi heiluttaa häntäänsä. Toiset ilmeisimminkin enemmän kuin toiset, eikä ole tavatonta, ettei gerbiilinomistaja koskaan näe gerbiilinsä heiluttavan häntää. Joskus esim. kädelle nostettaessa gerbiili saattaa heiluttaa häntäänsä hakeakseen tasapainoa. Toisaalta hännän heiluttamista on havaittu gerbiilin ollessa kiihdyksissä ja kokiessa jonkin asian uhkaavana. Esimerkiksi tutustumishäkissä oleva gerbiili voi kiivaasti heiluttaa häntäänsä kalterien toisella puolella olevalle eläimelle eränlaisena uhkausmerkkinä. Näin toimivia gerbiilejä ei kannata koettaa yhteen sillä hetkellä. Jotkin gerbiilit heiluttavat häntäänsä myös keskittyessään johonkin. Tätä saattaa nähdä muun muassa gerbiilin valmistautuessa hyppyyn tasolta toiselle. Gerbiilin hännänheilutus ei siis ole ystävällinen tervehdys ja ilon ilmaisu koirien tapaan.

Ääntely. Gerbiilit ilmeisimminkin ääntelevät paljon, mutta tästä vain pieni osa on ihmiskorvin kuultavissa. Lisäksi ääntely on hyvin yksilökohtaista. Toiset saattavat pitää pientä ääntä jatkuvasti, kun taas toisen omistajan mielestä gerbiilit eivät ääntele ollenkaan. Gerbiilien äänimaailmaa on kuitenkin tutkittu niin vähän, että on hyvin vaikea varmaksi sanoa mitä ne äänillään

tarkoittavat.

Lähinnä kokemuksia on gerbiilien piipittämisestä, jolla gerbiili viestittää kivusta, epämukavasta olosta tai uhatuksi tulosta. Gerbiili saattaa piipata, jos toinen pesee liian kovin, mönkii sen yli pesässä tai saadessaan puremia. Myös ruuasta voidaan vähän nahista piippailemalla. Myös tuttavuutta tekevät eläimet voivat piipittää toisilleen. Eteenkin uuteen laumaan tullut poikanen saattaa piipitellä piilossa muiden tullessa tekemään tuttavuutta.

Hampaiden narskutus. Joskus toisilleen vieraat gerbiilit narskuttavat hampaitaan kuin jonkinlaisena "älä tule lähemmäs" – varoituksena.

Samaa sukupuolta olevat eläimet astuvat toisiaan. Tämä on eteenkin kiimassa olevilla naarailla hyvin tavallista käytöstä. Uroksilla astuminen taas usein liittyy alistamiseen ja johtajuuden korostamiseen. Tällöin on hyvä tarkkailla tilannetta, ettei toiminta ole jatkuvaa ja stressaa astumisen kohteeksi joutunutta.

Naaras astuu urosta. Naaras saattaa astua urosta ollessaan kiimassa. Tätä tapahtuu yleensä, jos uros ei osoita suurta kiinnostusta naarasta kohtaan. Sitä voidaan pitää jonkinlaisena huomion herättämisenä "tule nyt sieltä".

Gerbiili syö omia papanoitaan. Gerbiilit syövät papanoitaan saadakseen B12 vitamiinia. Käytös on täysin normaalia ja lajinomaista.

Gerbiili kaivelee terraarion nurkkia. Tämä on aivan normaalia ja useimmat gerbiilit kaivelevat tunnelien lisäksi jossain vaiheessa myös terraarion seiniä.

Kattoverkossa roikkuminen. Tämäkin on aivan normaalia käytöstä. Gerbiilit saattavat innostua roikkumaan terraarion katossa ja pureskelemaan pinnoja. Tässä on kuitenkin aina olemassa loukkaantumisen riski, joten kannattaa yrittää lopettaisiko gerbiili puuhan, jos sille tarjoaisi muita aktiviteetteja.

Gerbiilit tappelevat. Gerbiileillä voi esiintyä ajoittain pientä nahinaa, jossa eläimet jahtaavat toisiaan ja huiskivat etukäpälillään. Nämä ovat merkkejä arvojärjestyksen selvittelystä ja se on hyvin olennainen osa laumaeläinten käytöstä. Tästä ei kannata heti huolestua vaan tarkkailla tilannetta. Yleensä gerbiilit saavat asiat sovittua parissa päivässä.

Joskus nahinasta kehkeytyy kunnon tappelu. Joku saattaa jahdata toista tai gerbiilit pyörivät yhtenä gerbiilipallona purren toisiaan. Joskus gerbiilit käyristävät kylkeään toista gerbiiliä kohden ja tämäkin on selvä merkki välien selvittelystä ja johtaa usein tappeluun.

Todelliseen tappelemiseen liittyy aina pureminen, joten jos eläimissä ei ole puremajälkiä, tilanne ei ole vielä vakava. Tappelevat gerbiilit tulee kuitenkin erottaa heti, koska tappelu voi pahimmassa tapauksessa johtaa eläimen kuolemaan tai pahaan loukkaantumiseen. Joskus auttaa, kun tappelupukarit erottaa muutamaksi päiväksi toisistaan väliverkolla, jolloin ne eivät voi vahingoittaa toisiaan, mutta yhteys kuitenkin säilyy. Jossain tapauksissa kuitenkin eläinten välit ovat totaalisesti menneet ja ne joudutaan erottamaan lopullisesti.

Vuorokausirytmi
Gerbiilit ovat aktiivisia ympäri vuorokauden. Ne nukkuvat ja puuhailevat lyhyissä pätkissä ja oppivat jossain määrin omistajansa rytmiin. Tämä tarkoittaa sitä, että jos gerbiilien kanssa puuhaillaan ja niille järjestetään aktiviteetteja tiettyyn aikaan vuorokaudesta, ne luultavimmin ovat siihen aikaan hereillä jatkossakin. Gerbiilit eivät häiriinny, jos ne joutuu joskus herättämään, kunhan se ei ole jatkuvaa.

Ympärivuorokautisesta aktiivisuudesta voi olla harmia, jos gerbiilit majailevat makuuhuoneessa. Eläimet voivat puuhatessaan saada aikaan kovaa rapinaa ja kolinaa, joka häiritsee yöunta. Tästä syystä ihanteellisin paikka terraariolle olisi jossain muualla kuin makuuhuoneessa. Kaikkia äänet eivät kuitenkaan häiritse.

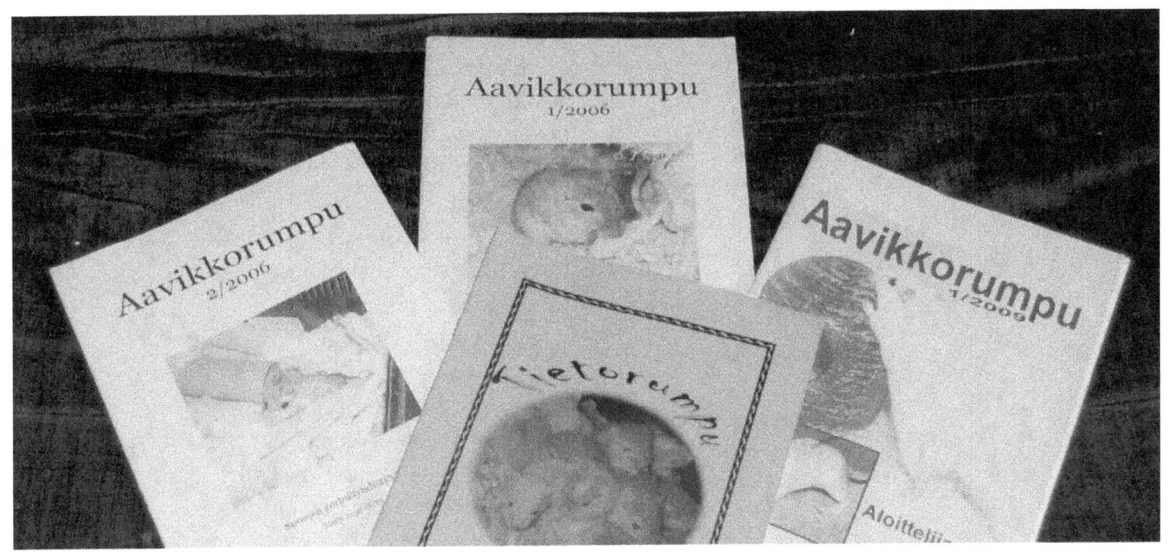

Toinen osa:
Gerbiiliharrastus Suomessa

Gerbiiliharrastus Suomessa

Niin yllättävältä kuin se saattaa jonkun mielestä kuulostaa, gerbiilien kanssa voi harrastaa muutakin kuin eläinten hoitoa. Suomessa toimii varsin aktiivinen Suomen Gerbiiliyhdistys ry. jonka toiminnasta on helppo löytää uusi harrastus ja ystäviä. Ikärajaa ei ole, kaikki ovat tervetulleita mukaan.

Suomen Gerbiiliyhdistys ry.

Gerbiiliyhdistys järjestää vuosittain useita näyttelyitä ja muuta toimintaa. Se julkaisee myös neljä kertaa vuodessa ilmestyvää Aavikkorumpu-lehteä, josta jokainen gerbiilien ystävä löytää itselleen paljon luettavaa. Yhdistyksen internet-sivut löytyvät osoitteesta www.gerbiiliyhdistys.fi. Nettisivut ja lehti ovat hyvä tapa tutustua toimintaan ja gerbiileihin. Näet myös onko yhdistyksellä toimintaa lähiseudullasi.

Näyttelyt

Miten ilmoittaudutaan ja valmistaudutaan näyttelyihin?

Kaikki alkaa, kun löydät internetistä tai lehdestä ilmoituksen kiinnostavasta näyttelystä. Näyttelyilmoituksessa kerrotaan miten ilmoittautuminen tulee tehdä – yleensä postilla tai sähköpostilla – ja mihin se lähetetään. Ilmoittautumiseen kirjataan eläimen tiedoista nimi, sukupuoli, ikä (vuosissa, kuukausissa ja päivissä näyttelypäivänä), väri ja rekisteröintinumero. Lemmikki- eli pet-luokissa eläimen ei tarvitse olla rekisteröity, joten tällöin rekisterinumeroa ei tarvita. Lisäksi ilmoittautumiseen tulee eläimen vanhempien nimet (jos ovat tiedossa), sekä kasvattajan ja omistajan nimi. Mukaan liitetään omat yhteystiedot, ainakin puhelinnumero sekä mahdollinen sähköpostiosoite. Näin ilmoittautumisten vastaanottaja tietää miten saa yhteyden, jos on jotain kysyttävää tai ilmoitettavaa. Ilmoittautuminen kannattaa aina hoitaa mahdollisimman ajoissa.

Näyttelymaksu maksetaan yleensä etukä-

teen ilmoituksessa olevalle tilille. Kuitti (tai sen kopio) liitetään mukaan kirjeeseen tai sähköpostiin. Joskus kuitti vaaditaan näyttelypaikalla. Maksujen suuruus per eläin ja luokka lukevat ilmoituksessa.

Monesti hyvin hoidettua eläintä ei tarvitse valmistella näyttelyyn. Jossain tapauksissa eläin voi olla likainen ja se olisi syytä pestä. Gerbiilin pesusta on kerrottu aikaisempana. Jos turkki ei ole varsinaisesti likainen, mutta näyttää pörröiseltä tai rasvaiselta, eläimelle riittää hiekkakylvetys edellisenä iltana. Myös kynsien pituus kannattaa tarkistaa ja lyhentää, jos ne ovat kovin pitkät.

Gerbiili tuodaan näyttelyyn kuljetusboksissa oman laumansa kanssa. Laatikkoon ei saa laittaa mitään painavaa, esimerkiksi kukkaruukkua tai keraamista pesää. Parhaimmassa kunnossa gerbiilin turkki pysyy, kun laatikossa on reilu kerros purua ja sen päällä runsaasti vessa- tai talouspaperisilppua. Kuljetusboksissa on hyvä olla ruokaa, mutta juomapulloa ei kannata kiinnittää, koska se helposti vuotaa ja märissä puruissa gerbiili voi vilustua. Nesteensaantia voi turvata tuoreruualla, esimerkiksi vedessä liotetuilla porkkananpaloilla tai salaatilla. Lisäksi gerbiilille voi päivän aikana tarjota mahdollisuuden juoda pullosta. Gerbiili tulee aina näyttelypäivän aamuna tarkistaa ennen näyttelyyn lähtöä ja mahdollisesti vielä näyttelypaikalla. Sairasta tai loukkaantunutta eläintä ei tuoda näyttelyyn. Puhumattakaan eläimestä, jolla on ulko- tai sisäloisia. Myöskään kantavaa tai imettävää naarasta ei saa rasittaa näyttelyillä.

Mitä näyttelyissä tapahtuu?
Näyttelyissä tärkein ohjelma on gerbiilien arvostelu. Moni pitää hauskimpana osana näyttelyä muiden harrastajien tapaamista ja gerbiiliasioista puhumista.

Tullessasi näyttelypaikalle ilmoittaudut, jolloin saat gerbiileillesi näyttelynumerot, jot-

ka kiinnitetään kuljetusboksiin. Jos boksissa on useampi samaa sukupuolta oleva, saman värinen eläin, ne tulisi erottaa arvostelun ajaksi tai ainakin kirjoittaa laatikon päälle selvä tuntomerkki, jolla tuomari erottaa eläimet toisistaan. Tulee kuitenkin muistaa, että moni asia, joka itselle omasta lemmikistä on helppo tuntomerkki, voi tuomarin silmään ollakin hyvin hankala erottaa. Laatikon päällä ei saa lukea sen enempää omistajan kuin eläimenkään nimeä.

Kuljetuslaatikot on asetettu näyttelypaikalla pöydille yleensä arvosteluluokkien mukaan jaettuna. Jos eläin osallistuu sekä viralliseen, että pet-luokkaan se tulee viedä sille pöydälle, jossa se menee ensimmäisenä arvosteluun. Assistentit hoitavat eläimet pöydiltä tuomarin arvosteltavaksi näyttelyn etenemisen mukaan.

Arvostelu
Arvostelu on jaettu kahteen luokkaan, viralliseen ja pet-luokkaan. Pet-luokassa arvostellaan eläimen lemmikkiominaisuuksia eli terveyttä, yleiskuntoa ja käsiteltävyyttä sekä sitä miten eläintä on hoidettu niiltä osin kuin sen eläimestä pystyy päältäpäin näkemään.

Ihanteellinen lemmikkigerbiili on gerbiilimäisen utelias ja puuhakas, mutta kuitenkin hyvin käsiteltävissä. Gerbiilistä tulee myös nähdä, että se luottaa ihmisiin. Gerbiili on kaikin puolin terve, sillä ei ole loisia, ei haavoja tai arpia, jotka eivät ole kunnolla parantuneet. Eläimellä on puhdas turkki ja kynnet ja hampaat ovat kunnossa. Se ei saa myöskään olla liian lihava tai laiha.

Virallisessa luokassa gerbiilistä katsotaan samoja asioita kuin pet-luokassa, mutta pääpaino on rotumääritelmällä. Gerbiileille on kehitetty rotumääritelmä, jossa kerrotaan yksityiskohtaisesti miltä näyttelygerbiilin tulisi näyttää. Ensin kuvaillaan jokaiselta gerbiililtä odotettavia ominaisuuksia, pään muotoa, vartalon tyyppiä, gerbiilin kokoa, silmien, korvien ja hännän vaatimuksia. Seuraavaksi eritellään erilaiset värimuunnokset ja miltä niiden tulisi näyttää. Aina ajan tasalla oleva rotumääritelmä löytyy helpoiten Gerbiiliyhdistyksen internetsivuilta.

Jotkin värit eivät pääse viralliseen luokkaan. Suurimmalla osalla syynä on se, että värit ovat vielä niin uusia, ettei niitä ole nähty tarpeeksi kunnollisen rotumääritelmän tekemiseksi. Koe-standardi luokassa eläimille on luotu alustava rotumääritelmä, johon eläimiä verrataan. Rotumääritelmää muokataan sitä mukaan, kun siinä mahdollisesti huomataan puutteita tai virheitä. Koe-standardi-luokassa jaetaan kunniamainintoja (kuma-palkinto) ja valitaan paras koe-standardieläin.

Lisäksi on olemassa väriryhmä, ei-standardivärit, jotka voi jakaa kahteen alaryhmään. Väreihin, jotka ovat niin harvinaisia ja uusia, ettei niille ole vielä edes saatu koe-standardiin vaadittavaa alustavaa rotumääritelmää ja toisaalta väreihin, jotka katsotaan virheellisiksi värinsä edustajiksi, mutta ei omiksi väreikseen. Esimerkiksi honey foxilla ja polar foxilla kuvion katsotaan vaalentavan perusväriä niin, että sitä on mahdoton arvostella. Tämän vuoksi kuviollisia honey foxeja ja polar foxeja ei voi näyttelyttää virallisessa luokassa ja eläimet rekisteröidään ei-standardirekisteriin.

Arvostelu tapahtuu käytännössä niin, että assistentti vie kuljetusboksin tuomarille. Tuomari saattaa katsoa eläintä käsissään, pöydällä tai vaikka kuljetuslaatikon kannen päällä kukin oman tyylinsä mukaisesti. Yleensä tuomari sanelee arvostelun sihteerille, joka kirjoittaa sen arvostelukaavakkeeseen. Taas vähän tuomarista riippuen eläin saatetaan palauttaa kuljetuslaatikossaan arvostelun kera takaisin pöydälle heti

arvostelun jälkeen, väriluokkansa jälkeen tai sitten vasta myöhemmin.

Tuomarin arvostellessa eläintäsi, et saa millään tapaa osoittaa olevasi sen omistaja. Gerbiilinäyttelyissä periaatteena on, ettei tuomari tiedä kenen eläintä arvostelee arvostelujen puolueettomuuden takaamiseksi.

Virallisessa luokassa arvostellaan myös kasvattaja- ja jalostusluokkia, mutta näillä on nimensä mukaisesti merkitystä vain kasvattajille. Kasvattajaluokassa arvostellaan saman kasvattajan vähintään neljän eläimen ryhmä. Eläinten on oltava vähintään kahdesta eri yhdistelmästä. Tuomari arvioi ensisijaisesti luokan tasaisuutta. Ryhmän esittäjällä tulee olla Suomen kani- ja jyrsijäliiton myöntämä kasvattajanimi.

Jalostusluokassa esitellään jalostusuros tai –naaras ja sen vähintään neljä, vähintään kahdesta eri yhdistelmästä olevaa jälkeläistä. Tässäkin painotetaan ryhmän tasaisuutta ja erityisesti sitä kuinka hyvin jalostusyksilö on periyttänyt hyviä ominaisuuksiaan jälkeläisilleen.

Palkinnot ja tittelit

Alla lueteltuna yleisimmät näyttelyissä jaetut palkinnot ja selitykset mitä ne tarkoittavat:

ROP = Rotunsa Paras, palkinto jaetaan parhaiten näyttelyssä menestyneille eläimille. Palkinnot numeroidaan 1-5, eli näyttelyn paras on ROP1, toinen ROP2 jne. ROP-sijoja ei jaeta, jos sertin arvoisia eläimiä ei löydy näyttelystä. Pet-luokassa vastaava palkinto on PET.

SERT = "Serti" on erittäin hyville eläimille jaettu palkinto. Jaetaan vain virallisessa luokassa. Sertit jaetaan ch- eli champion-serteihin ja mva- eli muotovalioserteihin. Mva sertin saa ROP1 eläin ja vastakkaisen sukupuolen paras sertin saanut eläin. Muut sertit ovat ch-sertejä.

VSP = Vastakkaisen Sukupuolen Paras. Jos

ROP1 on uros, VSP on siis näyttelyn paras naaras ja toisinpäin. Palkintoa harvoin varsinaisesti jaetaan gerbiilinäyttelyissä, mutta MVA-sertien jaossa tämä termi on esillä.

KUMA = Kunniamaininta. Palkintoa jaetaan sekä virallisessa, että pet-luokassa.

Laatu 1 = Virallisessa luokassa jaettava palkinto, joka kertoo eläimen olevan tuomarin mielestä jalostukseen sopiva.

SPU = Sarjansa Paras Uros. Jaetaan vain virallisessa luokassa. Tämän palkinnon saa värisarjansa paras uros. Värisarjoja valkovatsaiset, yksiväriset, muut muunnokset, pointilliset ja kuviolliset.

SPN = Sarjansa Paras Naaras. Vastaava kuin edellinen, mutta naaraille.

SPU ja SPN voidaan jakaa myös värisarjoittain yksilöidysti:

PVU = Paras Valkovatsainen Uros.

PVN = Paras Valkovatsainen Naaras.

PYU = Paras Yksivärinen Uros

PYN = Paras Yksivärinen Naaras

PKU = Paras Kuviollinen Uros

PKN = Paras Kuviollinen Naaras

PPU = Paras Pointillinen Uros

PPN = Paras Pointillinen Naaras

PMU = Paras Muut muunnokset Uros

PMN = Paras Muut muunnokset Naaras

Pbaby = Paras baby-luokan eläin virallisessa, pet-luokassa vastaava on PetBaby.

Pjun = Paras junior-luokan eläin virallisessa, pet-luokassa vastaava on PetJun.

Pvet = Paras veteraani-luokan eläin virallisessa, pet-luokassa vastaava on PetVet.

LKV = Luokkavoittaja. Palkintoa jaetaan sekä virallisessa, että pet-luokassa. Virallisessa luokassa palkinto jaetaan väriluokittain, pet-luokassa ikäsarjoittain, jotka usein jaettu vielä sukupuolittain. Palkintoa voidaan jakaa 0-5 per luokka.

TS = Tuomarin Suosikki. Tuomari voi halutessaan jakaa palkinnon sekä virallisessa, että pet-luokassa. Usein palkinnon saa eläin, joka on muuten aivan ihastuttava, mutta ei jostain syystä kuitenkaan sijoitu muuten. On tuomarin suosikki palkintoa kuitenkin jaettu myös PET1 ja ROP1 eläimille.

PK-S = Paras koe-standardi-luokan eläin.

Gerbiilien nimien edessä voi nähdä erilaisia tittelilyhenteitä. Seuraavaan koottu yleisimmät:

MVA = Muotovalio. Gerbiili valmistuu muotovalioksi, kun se on voittanut näyttelyssä kolme MVA-sertiä. Myös championsertejä voi käyttää MVA-arvoon, tällöin kaksi CH-sertiä vastaa yhtä MVA-sertiä.

CH = Champion. Gerbiili valmistuu championiksi voitettuaan näyttelystä kolme sertiä.

GP = Grand Pet. Gerbiili valmistuu Grand Petiksi voitettuaan kolmesti näyttelyssä Pet-palkinnon. Deguilla ja harvinaisilla hyppymyyrillä vaaditaan kolme PET1 sijoitusta.

VV-XX = Vuoden voittaja. XX:n kohdalla kaksi numeroa, jotka tarkoittavat vuosilukua, jolloin titteli on voitettu. Gerbiiliyhdistys laskee eläimille pisteitä jokaisen hyväksymänsä näyttelyn perusteella. Eniten pisteitä virallisesta luokasta kerännyt gerbiili ja degu palkitaan VV-tittelillä. Vastaava titteli pet-luokan eläimille (jaetaan gerbiileille, deguille ja harvinaisille hyppymyyrille) on VPET-XX.

CV-XX = Cup voittaja. Titteli jaetaan värinsä parhaalle eläimelle vuosittain samaan tapaan kuin VV-XX-titteli.

Samaan tapaan jaetaan tittelit myös jokaisen vuoden parhaalle babylle, juniorille, veteraanille sekä koe-standardille (Vbaby-XX, Vjun-XX ja Vvet-XX, VKS).

Muu toiminta näyttelyissä

Näyttelyissä on vaihtelevasti myös muuta toimintaa. Jokaisessa SGY:n näyttelyssä on info-pöytä, josta voit hakea tietoa gerbiileistä (tai muista yhdistyksen alaisista lajeista) ja yhdistyksestä, usein rekisteröidä eläimiä tai ostaa jotain pientä naposteltavaa tai vaikka vanhoja lehtiä tutkittavaksesi. Niin ikään jokaisesta näyttelystä löytyy yleensä myytäviä eläimiä, joista voit löytää itsellesi uuden gerbiilin.

Näyttelyissä järjestetään myös silppurikil-
pailut, joissa gerbiilit kisaavat leikkimieli-
sesti toisiaan vastaan siitä, kuka pystyy na-
kertamaan eniten wc-paperirullan hylsyä
annetussa ajassa. Lajissa on kaksi luokkaa:
yksittäisille eläimille monoluokka tai pa-
reittain osallistuville stereoluokka. Parhaat
silppurit palkitaan joka näyttelyssä, lisäksi
vuoden parhaat silppurit saavat pokaalin
vuosittaisessa palkintojen jaossa, sekä käyt-
töönsä Vuoden Silppuri (VS-XX) tittelin.

Vaihtelevasti näyttelyissä voi olla myös
muuta toimintaa, kuten erilaisia tietokilpai-
luja tai arvontoja. Onpa gerbiilinäyttelyissä
ollut oma luokkansa myös pehmoleluille,
johon kaikki innokkaat ovat voineet ilmoit-
taa oman rakkaan lelunsa. Nämäkin näytte-
ly-yksilöt ovat saaneet oman arvostelunsa
ja palkintonsa. Pehmolelunäyttelyn mah-
dollisuudesta mainitaan yleensä näyttely-
kutsussa. Samoin muusta oheistoiminnasta.

Näyttelysäännöt
Suomen Gerbiiliyhdistyksellä sekä muilla näytte-
lyitä järjestävillä yhdistyksillä on omat näyttely-
säännönsä, joihin jokaisen näyttelyissä käyvän
olisi hyvä tutustua. Internetistä ja yhdistyksen
lehdistä voi löytää ajankohtaisinta tietoa sään-
nöistä. Ehdottomasti tärkeimpänä   sääntönä
voidaan kuitenkin pitää varmasti muuttu-
matonta sääntöä siitä, että näyttelyyn vietä-
vän eläimen tulee olla terve, käsiteltävissä,
loisista vapaa, sillä ei saa olla parantumat-
tomia haavoja tai rupia, eikä naaras saa olla
kantavana tai imettää poikasiaan. Tämä
sääntö on luotu ehdottomasti eläinten
omaa parasta ajatellen ja jokainen, joka il-
moittaa eläimensä näyttelyyn sitoutuu nou-
dattamaan tätä sääntöä.

Muu toiminta

Gerbiiliyhdistys ry. (ja paikallisyhdistykset)
järjestävät vuosittain paljon toimintaa
näyttelyiden, erilaisten teemapäivien, kurs-
sien ja muun gerbiilitoiminnan merkeissä.
Tiedot tulevista tapahtumista löytyvät yh-
distysten lehdistä ja internet-sivuilta. Tässä
kuitenkin kerrottuna jotain esimerkkejä
toiminnasta, jota on säännöllisesti järjestet-
ty.

Kurssit
Gerbiiliyhdistys on jo useita vuosia järjes-
tänyt gerbiilin omistaja, näyttelytoimitsija,
pet-tuomari ja kasvattajakursseja. Omista-
jakurssilla käydään läpi gerbiilin hoidon
perusasioita. Myös moni jo jonkin aikaa
eläimiä omistanut on saanut omistajakurs-
seilta uutta tietoa. Kurssilla on käyty läpi
mm. sairauksia ja kynsien leikkausta.

Näyttelytoimitsijakurssilta voi hakea hyvää
pohjaa aktiiviselle näyttelyharrastamiselle.
Näyttelyissä tarvitaan monenlaisia toimi-
henkilöitä aina infon henkilökunnasta as-
sistentteihin ja sihteereistä keittiöhenkilö-
kuntaan. Kurssi painottuu erityisesti assis-
tentin ja sihteerin toimenkuviin, mutta
myös muita tehtäviä käydään läpi.

Pet-tuomarikurssilta saa nimenmukaisesti
alkusysäyksen lemmikkiluokkien tuoma-
rointiin. Kurssin jälkeen jokainen suorittaa
arvostelukokeen, jonka jälkeen kurssin ve-
täjä määrittelee kuinka paljon kukin tarvit-
see vielä harjoitusta. Näin useimmat kurs-
silaiset suorittavat kurssin jälkeen kuunte-
luita näyttelyissä, joissa pet-tuomari kertoo
harjoittelijalle tärkeänä pitämiään asioita
arvostelusta. Lisäksi tehdään harjoitusar-
vosteluja, joissa arvostellaan samoja eläi-
miä kuin varsinainen tuomari ja saadaan
arvostelusta tuomarilta palaute. Kaiken tä-
män päätteeksi harjoittelija valmistuu aika-
naan pet-tuomariksi ja saa oikeudet lem-

mikkiluokkien tuomarointiin. Tuomarioi-keudet saa erikseen gerbiileille, deguille ja harvinaisille hyppymyyrille.

Kasvattajakurssilla opitaan monenmoista kasvatukseen liittyvää. Gerbiiliyhdistys on järjestänyt vuosien varrella kahta kasvatta-jakurssia, joista ensimmäinen käsittelee kasvatuksen perusasioita ja tämän kurssin suorittaminen vaaditaan nykyisin haettaessa kasvattajanimeä. Ensimmäisen kurssin kir-jallisen osuuden voi suorittaa myös ns. kir-jekurssina. Kurssiin kuuluvassa käytännön-kokeessa täytyy kuitenkin käydä esimerkiksi näyttelyssä tms. tilaisuudessa, jossa kokeita järjestetään. Toisella kurssilla syvennytään mm. perinnöllisyyteen.

Teemapäivät

Tuomaripäivät ovat osa pet- ja virallisten tuomarien koulutusta. Vain osallistumalla tuomaripäiville tuomarit pystyvät pitämään tietonsa ajantasaisina. Yleensä päivät järjes-tetään jossain määrin erillisinä ja päiville on pääsy vain kyseisten luokkien tuomareilla ja tuomariharjoittelijoilla.

Kasvattajapäivillä käydään läpi ajankohtai-sia kasvatusasioita. Jokainen kasvatuksesta kiinnostunut on tervetullut paikalle keskus-telemaan ja kuuntelemaan. Paikalle voi tuo-da mukanaan mieltään askarruttavia asioita, joista käydään keskustelua ja kenties opitaan yhtä ja toista uutta.

Degu- ja harvinaisten hyppy-myyrien päivät on tarkoitettu degujen ja harvinaisten omista-jille ja niistä kiinnostuneille. Joskus päivät järjestetään yh-dessä, joskus erikseen. Tämä on mainio tilaisuus kysellä kiinnostavasta lemmikistä niitä jo paremmin tuntevilta.

Muut tapahtumat

Pet show on näyttely, jossa on lemmikki-luokat useille lajeille. Pet show on joinakin vuosina järjestetty kaikille jyrsijöille ja ka-neille, toisina osallistuvien lajien määrää on rajoitettu. Pet shown lisäksi ajoittain on järjestetty open showta, joka on kuin viral-linen luokka, mutta pisteitä ei lasketa Vuo-den Voittaja pisteisiin. Open showssa luok-kia arvostelevat virallisten tuomarien sijasta aktiiviset harrastajat ja kasvattajat.

Useilla gerbiiliharrastajilla on myös koiria ja onpa nähty Gerbiiliyhdistyksen järjestä-mä koirien match show.

Kesäpäivät ja joulujuhlat. Hyvä tilaisuus tavata gerbiiliharrastajia muutenkin kuin näyttelyissä, joissa monet ovat kiireisiä toi-miessaan näyttelytoimihenkilöinä.

Kerhoillat. Kerhoiltoja on järjestetty jonkin verran ja niitä voi aina toivoa ja suunnitella omalle alueelleen.

Yhdistys huolehtii myös tiedonjakamisesta edustamistaan lajeista. Niinpä gerbiiliyhdis-tykseen voi törmätä monien eläinmessujen yhteydessä

Gerbiilin rekisteröinti

Jos gerbiilin haluaa viedä näyttelyyn viralliseen luokkaan, se on rekisteröitävä. Monet kasvattajat rekisteröivät kaikki poikueensa, jotta vuoden lopussa rekisteröintitilastosta näkee kuinka paljon mitäkin väriä on rekisteröity. Tilastot julkaistaan Gerbiiliyhdistyksen lehdessä aina seuraavan vuoden alussa.

Gerbiilin rekisteröinti ei vaadi paljon. Rekisteröintikaavakkeessa on paikat eläimen lajille, rekisteröintinumerolle, nimelle, syntymäajalle, sukupuolelle, värille, kuviolle sekä kasvattajan, omistajan, vanhempien (ja 2 polven isovanhempien) ja sisarusten tiedoille. Näistä ainoat välttämättömät ovat eläimen nimi, syntymäaika, jonka voi ilmoittaa arvioituna aikana, sukupuoli, väri sekä mahdollinen kuvio. Vanhempien ja sisarusten tietoja ei siis tarvitse tietää. Eläinkaupasta ostetun eläimen kohdalla voi kirjoittaa kasvattajaksi eläinkaupan nimen.

Gerbiilin värin määrittäminen voi joskus olla todella vaikeaa ja joskus eläintä ostaessa voi saada jopa virheellistä tietoa eläimen väristä. Onpa esimerkiksi grey agoutia joskus kaupattu isabella-värinä, jossa myyjä on ilmeisesti sotkenut eläimen värin kanien väreihin. Jos olet epävarma väristä, voi olla helpointa pyytää joko jotain lähellä asuvaa kasvattajaa määrittelemään eläimen värin tai käyttää eläin näyttelyssä pet-luokassa. Internetin keskustelupalstoilla kysellään usein minkä värinen mikäkin gerbiili on, mutta on hyvä muistaa, että värin määrittäminen valokuvan perusteella voi jossain tapauksissa olla todella hankalaa. On olemassa värejä, joista voi kyllä sanoa varmasti, että se on mikä on, mutta toisaalta esimerkiksi blackin ja slaten erottaminen kuvan perusteella voi olla vaikeaa. Kuvio yleensä vielä vaikeuttaa värin määrittämistä jonkin verran, sillä se vaalentaa perusväriä.

Rekisteröinti tapahtuu siten, että omistaja täyttää jokaista rekisteröimäänsä eläintä kohden kaksi kappaletta rekisteröintikaavakkeita. Poikueita varten on olemassa oma poikuerekisteröintikaavakkeensa, jota käytettäessä täytetään yksi poikuerekisteröintikaavake poikuetta kohden ja sitten vielä oma yksilöllinen rekisteröintikaavake jokaiselle poikaselle. Eläimistä maksetaan rekisteröintimaksu Suomen Gerbiiliyhdistyksen tilille ja täytetyt rekisteröintikaavakkeet, kuitti maksusta ja palautuskuori, jossa on osoite ja tarpeellinen määrä postimerkkejä, lähetetään yhdistyksen nimeämälle rekiseröijälle. Rekisteröijä antaa eläimelle rekisteröintinumeron, leimaa paperit ja lähettää toisen rekisteröintikaavakkeen takaisin. Rekisteröintejä lähetettäessä kannattaa kuitenkin tarkistaa huolella, että kaikki tarvittava on mukana. Usein rekisteröinti saattaa viivästyä tai jäädä kokonaan tekemättä puutteellisten tietojen vuoksi. Mukaan on hyvä liittää oma puhelinnumero ja mahdollinen sähköpostiosoite, josta rekisteröijä saa kiinni, jos on jotain kysyttävää.

Tuomariksi

Pet-tuomariksi valmistuminen on käsitelty varsin perusteellisesti kohdassa Kurssit – pet-tuomarikurssi. Siksi keskitymmekin tässä kohdassa siihen miten valmistutaan virallisen luokan tuomariksi.

Tie viralliseksi tuomariksi on pitkä, eikä siitä kannata kovinkaan isoja haaveita rakentaa siinä vaiheessa, kun on juuri hankkinut ensimmäiset gerbiilinsä. Viralliseksi tuomariksi valmistuvalta vaaditaan vähintään 18 vuoden ikää, SGY ry.n jäsenyyttä, pet-tuomarioikeuksia kyseiselle lajille (virallisen tuomarin oikeudet myönnetään erikseen gerbiileille ja deguille), kasvattajakurssi 1:n ja tuomarioikeuksien arviointikokeen suorittamista hyväksytysti läpi. Tämän lisäksi jokaiselle harjoittelijalle määrätään tuomariominaisuuksien arviointikokeessa arvostelijoiden määrittelemä määrä harjoitus- ja koearvosteluja, joissa tuomariharjoittelija saa opetusta virallisilta tuomareilta ja lopulta harjoittelee itsenäistä arvostelua. Tarkemmin asiasta voi tiedustella esimerkiksi Suomen gerbiiliyhdistyksen hallitukselta, jos asia kiinnostaa ja tuntuu ajankohtaiselta.

Yhdistykset

Suomessa toimii Suomen Kani- ja Jyrsijäliitto ry (http://www.skjl.net), joka on koko jyrsijätoiminnan kattojärjestö. SKJL:n kuuluu lajiyhdistyksiä, joista Suomen Gerbiiliyhdistys ry. (http://www.gerbiiliyhdistys.fi) on yksi hyvä esimerkki. Lisäksi on olemassa paikallisyhdistyksiä, jotka ovat yleensä yleisyhdistyksiä, joihin kuuluvat kaikki jyrsijälajit ja kanit. Näistä poikkeuksen tekee Turun seudun yhdistys Lounais-Suomen Kesyrotta- ja Gerbiiliyhdistys, johon nimensä mukaisesti kuuluvat kesyrotat, gerbiilit ja muut gerbiiliyhdistyksen alaiset lajit. Alla lista paikallisyhdistyksistä ja niiden nettisivuista, joista voit hakea tietoa oman seutusi toiminnasta.

Lounais-Suomen Kesyrotta- ja Gerbiiliyhdistys (LSKGY)
http://www.lskgy.info/

Etelä-Pohjanmaan Jyrsijäyhdistys (EPJY)
http://epjy.net/

Jyväskylän Kani- ja jyrsijäyhdistys (JKJY)
http://www.jyrsijat.org/

Päijät-Hämeen Jyrsijäyhdistys (PHJY)

Pirkanmaan nakertajat (PINA)
http://www.pirkanmaannakertajat.net/

Oulun Seudun Jyrsijäharrastajat (OSJH)
http://www.osjh.net/

Etelä-Karjalan Kani- Ja Jyrsijäyhdistys (EKKJY)
http://www.ekkjy.com/

Kolmas osa:
Lisääntyminen, kasvatus ja genetiikka

Gerbiilit saavat poikasia

Ihan ensimmäiseksi jokaisen poikasten teettämistä pohtivan kannattaa miettiä, miksi tahtoo teettää gerbiileillään poikasia. Ne ovat kieltämättä aivan suunnattoman suloisia, mutta poikasten teettäminen on paljon muutakin kuin söpöisten poikasten katselua ja ihan liian moni asia voi mennä pieleen.

Jos ajattelet teettäväsi poikaset ja vieväsi ne eläinkauppaan myyntiin, miettisin pitkälle riskejä, joita otat. Onko se sen arvoista? Entä jos kaikki meneekin pieleen, emo menehtyy synnytykseen ja poikaset siihen, ettei niillä ole ketään ruokkimassa? Lisäksi kannattaa huomata, ettei gerbiilikasvattaja saa poikasten myynnillä edes harrastukseensa laittamiaan rahoja takaisin, joten rahan takia poikasia ei missään nimessä kannata teettää.

Jos haluat kokea gerbiilisyntymän ihmeen, seurata poikasten kehittymistä ja jättää laumasta muutaman itsellesi kotiin rakkaiksi lemmikeiksi, olet oikeammalla asialla. Siitä on monen kasvattajankin harrastus lähtenyt. Tässä luvussa tulemme käymään läpi sen miten gerbiilit saavat poikasia, mitä tulisi osata ottaa huomioon, mitä riskejä siihen sisältyy sekä muutamia muita gerbiilien lisääntymiseen liittyviä asioita.

Millaisilla gerbiileillä voi teettää poikasia?

Joskus ei tule edes ajatelleeksi, ettei ihan millä tahansa gerbiilillä edes voi teettää poikasia. Gerbiilien on luonnollisesti oltava terveitä ja hyväluonteisia. Jos eläimillä on epämuodostumia, niitä ei tule käyttää kasvatukseen. Tulee muistaa, että taipumus joillekin ongelmille on usein myös perinnöllistä, esimerkkeinä naksutauti, shokkikohtaukset ja kasvaimet. Myös synnynnäinen patti hännässä voi periytyä ja huonoimmalla tuurilla epämuodostuma voi

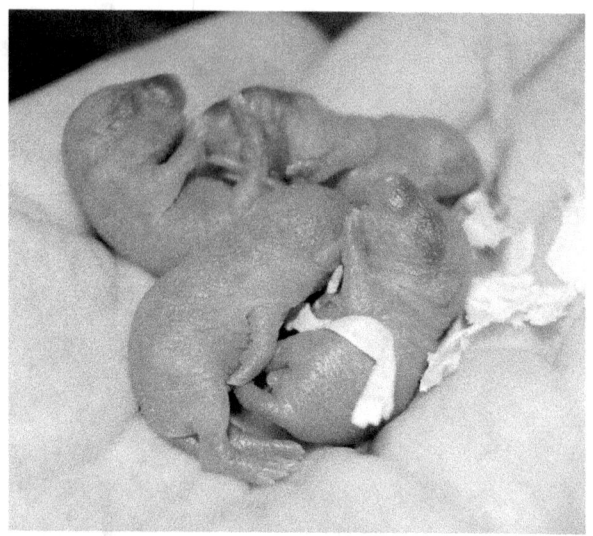
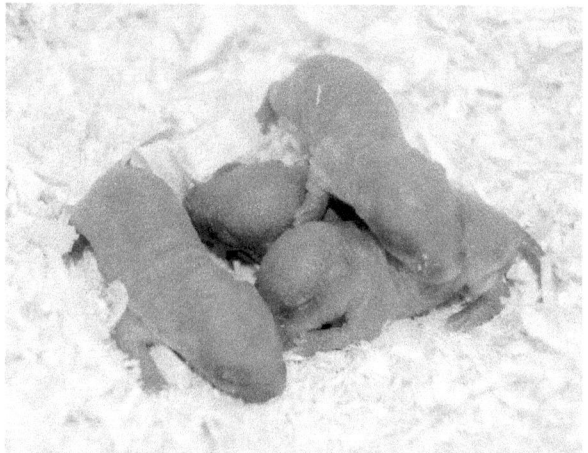
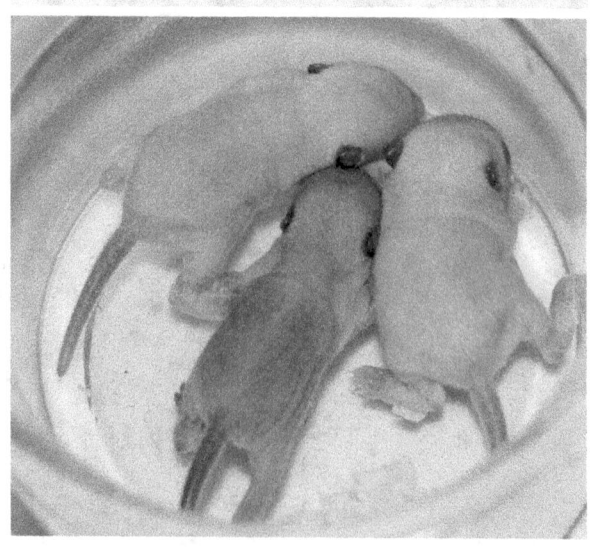

Poikaset syntyvät karvattomina.

58

seuraavassa sukupolvessa ollakin esimerkiksi selkärangassa. Tästä syystä "häntäknikkisiä" eläimiä ei suositella käytettäväksi kasvatukseen.

Naaraan on oltava vähintään 5kk vanha, ensimmäistä poikuettaan saadessaan ja kuitenkin alle vuoden. Yleisesti ottaen yli 2-vuotiasta naarasta pidetään liian vanhana lisääntymään. Liian vanhojen ja liian nuorien naaraiden ongelmat ovat hyvin pitkälle samoja: synnytys saattaa olla liian vaikea ja naaras voi menehtyä, naaralta ei välttämättä tule maitoa ja se saattaa hylätä tai tappaa poikasensa. Lisäksi nuoren naaraan kohdalla raskaus, synnytys ja imetys häiritsevät sen omaa kehitystä, koska energia, jonka se tarvitsisi kasvuunsa, meneekin poikasille.

Uroksien kohdalla tällaisia selviä ikärajoja ei ole. Kasvattajat suosivat kuitenkin sitä, että uroksen annetaan kasvaa aikuisikään, jotta pystytään näkemään millainen eläin siitä kehittyy, onko se taipuvainen joillekin ongelmille, millainen luonne sillä on jne. Jotkut nuoret urokset eivät osaa astua ja sama juttu vanhempien eläinten kanssa. Joskin tämä vika voi vaivata ihan minkä ikäistä eläintä tahansa, yleisintä se kuitenkin on juuri nuorien ja vanhojen urosten keskuudessa.

Jos suunnittelee aloittavansa gerbiilikasvatusta, kannattaa tutustua aiheesta kirjoitettuun lukuun ja ottaa poikuetta jo suunnitellessa yhteyttä johonkin kiinnostavan värin kasvattajaan. Hän osaa kertoa värin ongelmista ja siitä mitä väriltä vaaditaan, siis myös minkälaisia yhdistelmiä kannattaa tehdä.

Mitä on otettava huomioon ennen poikasten teettämistä?

Tärkeimpänä: Olethan ottanut asioista tarpeeksi selvää? Olethan tietoinen mahdollisista riskeistä?

Gerbiili voi saada parhaimmillaan jopa 10 poikasta. Tällaiselle tupsuhäntälaumalle kodin löytäminen voi olla vaikeaa. Tärkeää on muistaa, että poikasten teettämisen jälkeen et ole enää vastuussa vain kahdesta (tai kuinka monta niitä sitten onkaan) gerbiilistä, vaan myös koko joukosta poikasia. Onko sinulla mahdollisuus tarjota terraariotilaa niille kaikille, jos et saakaan niitä myytyä uusiin koteihin tai eläinkauppaan?

Uros ja naaras yhdessä vai astutus?

Yksi suurimpia päätöksiä, jonka eteen joudut heti alkuunsa, on asuvatko uros ja naaras yhdessä poikasten saamisen (tai ainakin alulle saamisen) ajan vai yritätkö astuttaa naaraan? Astutusmenetelmä on jonkin verran vaikeampi, epävarmempi ja työläämpi, mutta toisaalta tällöin et joudu erottamaan gerbiilejä laumatovereistaan.

Jos valitset yhdessä asumisen, uros ja naaras totutetaan toisiinsa samaan tapaan kuin aikaisemmin on kerrottu gerbiilien totuttamisesta. Uroksen ja naaraan pitäisi hyväksyä toisensa ilman sen suurempia ongelmia ja yleensä kiima-aikaan toisilleen vieraiden eläintenkään yhdistäminen ei tuota suuria vaikeuksia. Gerbiilejä tulee kuitenkin pitää silmällä, koska joskus niille voi hyvästäkin alusta huolimatta tulla erimielisyyksiä ja kiiman loputtua naaras saattaa ajaa urosta pois. Jos ongelmia ei ilmene uros ja naaras voivat jatkaa yhteiseloaan. Uros yleensä astuu naaraan heti ensimmäisestä kiimasta tai sitten seuraavasta. Yhdessä asumisen hyvä puoli onkin juuri siinä, että jos jostain syystä astuminen meneekin pieleen ja naaras ei tulekaan kantavaksi, uros luultavimmin "hoitaa homman kotiin" heti seuraavasta kiimasta.

Naaraalla ei tulisi teettää poikueita enempää kuin kaksi peräkkäin. Tästä johtuen on erittäin tärkeää, että uros ja naaras erotetaan toisistaan viimeistään ennen toisen

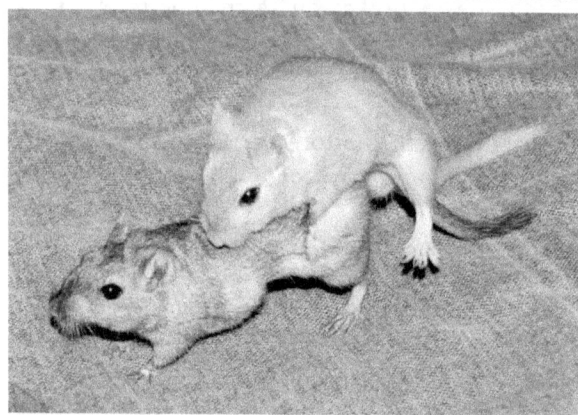

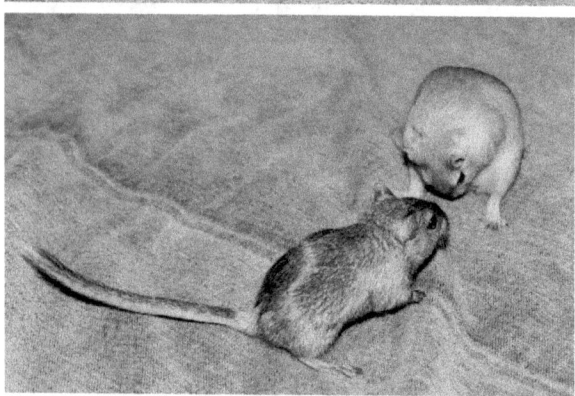

Gerbiilien parittelu: Uros ja naaras haistelevat toisiaan. Uros alistuu naaraalle tarjoten kaulaansa/kylkeänsä. Naaras juoksee poispäin ja uros seuraa. Naaras pysähtyy ja uros astuu. Astumisen jälkeen molemmat puhdistavat itsensä.

poikueen syntymää. Naaras tulee kiimaan heti edellisten poikasten synnyttyä ja uros astuu naaraan uudestaan. Jos haluat vain yhden poikueellisen poikasia, uros ja naaras tuleekin siis erottaa jo ennen ensimmäisen poikueen syntymää.

Joskus naaraasta voi olla hyvin vaikea huomata onko se kantavana vai eikö. Tässä digitaalinen talousvaaka voi olla hyvä apu. Jos naaraan punnitsee vaikkapa kerran viikossa, tulet huomaamaan painonnousun ennen kuin naaras varsinaisesti on pyöristynyt. Tällöin voit halutessasi erottaa uroksen naaraasta. Tämä kannattaa tehdä hyvissä ajoin ennen synnytystä, jotta naaras saa kaikessa rauhassa yksinään valmistautua.

Astutusmenetelmällä poikasten saaminen on jonkin verran hankalampaa. Tällöin avainasemassa on naaraan kiima ja sen löytäminen. Joillain naarailla kiima on hyvin helppo havaita, koska naaraslaumassa esiintyy astumista kiima-aikaan. Jos tällaista ei tapahdu, on kiima etsittävä seuraavassa kerrotulla tavalla.

Jos toisilleen vieraita urosta ja naarasta koettaa yhteen, kun naaraalla ei ole kiima, siitä seuraa useimmiten tappelu. Tästä löytyy tietysti joitain poikkeuksia ja lisäksi, kun kiima on menossa tai tulossa, varsinaista astumista ei tapahdu, mutta uros ja naaras suhtautuvat toisiinsa hyvin rauhallisesti. Helpointa ja turvallisinta kiiman havaitseminen on tutustumishäkissä, jossa gerbiilit pääsevät haistelemaan toisiaan. Varmin merkki kiimasta on naaraan rummuttelu urokselle mihin uros vastaa rummuttelemalla. Rummuttelu on samankaltaista kuin gerbiilien varoitusrummuttelu, mutta jos on kuullut gerbiilin varoittavan, kuulee tässä yleensä eron. Naaras saattaa tutustumishäkissä jo koettaa houkutella urosta peräänsä. Se tulee uroksen luokse ja lähtee juoksemaan poispäin, ehkä jopa pysähtyy ja nostaa vähän takapuoltaan. Yksi selvä kiiman merkki on se, että naaraan selkänahka ikään kuin lainehtii. Jotkin naaraat saattavat myös päästää heikkoa piippausta kiima-aikaan, mutta tämä on harvinaisempaa. Jos naaraalla ei ole kiima, se suhtautuu urokseen tutustumishäkissä välinpitämättömästi tai jopa aggressiivisesti.

Jos naaraalla on kiiman merkkejä, voit koittaa sitä yhteen uroksen kanssa. Tämä tulee tehdä joko puolueettomalla reviirillä tai uroksen terraariossa (uroksen mahdolliset asuintoverit poistetaan terraariosta). Naaras saattaa suhtautua omaan terraarioonsa niin reviiritietoisesti, että ajaakin urosta pois kiimasta huolimatta. Yhteen päästyään jotkut urokset astuvat naaraan saman tien, toisilla saattaa ottaa aikansa, joten ei kannata hermostua ja luovuttaa, jos uros ei ole heti naaraan selässä.

Gerbiilien parittelu tapahtuu seuraavasti. Naaras houkuttelee urosta peräänsä, se tulee uroksen luokse, kääntää tälle selkänsä ja lähtee juoksemaan pois. Pian naaras kuitenkin pysähtyy, nostaa takapäätään ja häntäänsä. Uros säntää naaraan perään, nousee tämän selkään. Itse pariutuminen kestää vain sekunnin tai pari, jonka jälkeen uros hyppää pois naaraan selästä ja kumpikin puhdistaa sukuelimensä. Tämän jälkeen kaikki alkaa alusta. Poikaset voivat saada alkunsa yhdestäkin astumisesta, mutta varmistaakseen naaraan kantavaksi tulon kannattaa uroksen ja naaraan antaa olla yhdessä ainakin parin tunnin ajan, jolloin uros ehtii astua naaraan monta kertaa.

Joskus uros ei syystä tai toisesta astu naarasta ja naaras saattaa hermostua tilanteesta. Tällöin eläimet on hyvä erottaa toisistaan ja koettaa hetken kuluttua uudestaan. Jos ongelmat jatkuvat, kannattaa yrittää uudestaan seuraavasta kiimasta, joka yleensä on 4-6 vuorokauden kuluttua. Gerbiilien kiima ajoittuu yleensä ilta-aikaan.

Raskaus

Gerbiili voi elää normaalia elämää raskaudesta huolimatta. Raskaana olevaa naarasta ei kuitenkaan saa ilmoittaa näyttelyyn ja muutenkin sen kuljettamista tulisi välttää mahdollisuuksien mukaan. Loppuvaiheessa juoksutukset kannattaa jättää pois.

Naaraalle tulee tarjota mahdollisimman paljon pesänrakennustarpeita synnytyksen lähestyessä. Terraario on siivottava hyvissä ajoin ennen synnytystä, jotta naaras ehtii tehdä kunnon pesän ja jotta terraariota ei tarvitse ihan heti poikasten syntymän jälkeen siivota. Ruokavalio on hyvä pitää mahdollisimman monipuolisena ja lisäksi kantavalle naaraalle tulisi tarjota lisäkalkkia.

Poikasterraario

Terraariossa ei tarvitse tehdä suuria muutoksia poikasten vuoksi. Sen turvallisuus poikasille tulisi kuitenkin tarkistaa etukäteen. Poikaset voivat muun muassa mönkiä uskomattoman pieniin rakoihin ja esimerkiksi työntää päänsä kukkaruukun pohjareiästä läpi ja jäädä kiinni. Terraariossa ei kannata pitää suurta määrää purua, esim. viisi senttiä riittää hyvin. Osa kasvattajista haluaa käyttää poikasterroissa aina haapahaketta (voi pölyättömänä jossain määrin ehkäistä naksutautia). Ekokuitua ei poikasille tulisi laittaa, koska kuidut saattavat kiertyä vaarallisesti poikasen jalan tai kaulan ympärille aiheuttaen tulehduksen tai jopa kuolion.

Synnytys

Ihminen ei gerbiilisynnytyksessä voi tehdä paljonkaan ja parasta olisi antaa naaraalle ehdoton rauha, jos tietää synnytyksen olevan lähellä. Yleensä gerbiilit synnyttävätkin yöaikaan ja piilossa niin, ettei ihminen pääse synnytystä seuraamaan. Ensimmäinen merkki poikasista onkin yleensä hentoinen piipitys, joka kuuluu pesästä ja naaras, joka viihtyy pesässä aina vain enemmän ja enemmän.

Joissain harvoissa tapauksissa gerbiilille voi tulla ongelmia synnytyksessä, poikaset saattavat juuttua synnytyskanavaan ja synnytys voi pitkittyä vaarallisesti. Jos huomaat gerbiililläsi vaikeuksia synnytyksessä ja synnytys tuntuu vain jatkuvan ja jatkuvan, tulee soittaa mahdollisimman pian eläinlääkärille. En tiedä ainuttakaan tapausta, jossa Suomessa eläinlääkäri olisi avustanut gerbiilisynnytyksessä, mutta toisaalta ainakin okahiiriä ja rottia on keisarinleikattu onnistuneesti ongelmatilanteissa.

Valitettavasti ihminen ei yleensä ole ongelmista tietoinen, eikä niitä huomata ennen kuin se on liian myöhäistä. Naaras saattaa löytyä todella huonokuntoisena tai jopa kuolleena terraariostaan, mahdollisesti osa tai kaikki poikaset syntyneinä ja ehkä jo menehtyneinä. Jos emo menehtyy synnytyksessä, mutta poikaset, tai osa niistä, ovat elossa, näiden oikeastaan ainoa toivo on jos sinulta tai lähialueelta löytyisi parin päivän sisällä synnyttänyt naaras, jolle poikaset saisi hoidettavaksi. Tämän on kuitenkin tapahduttava todella nopeasti, koska vastasyntyneet poikaset eivät selviä montaakaan tuntia hengissä ilman maitoa, lämpöä ja hoivaa.

Poikasia voi ensiapuna yrittää myös ruokkia keinomaitoseoksella, mutta jos muuta ratkaisua ei ole tiedossa, tämä yleensä on vain poikasten kärsimyksen pitkittämistä. Älä siis rupea ruokkimaan poikasia, jos et todella tiedä mitä olet tekemässä! Poikasia tulisi ruokkia vastasyntyneinä jopa n. tunnin välein, enkä tiedä olisiko niillä silläkään tavalla pidemmän päälle mahdollisuuksia. Gerbiilinpoikaset syntyvät kovin avuttomina ja "keskeneräisinä". En tiedä Suomesta ainuttakaan tapausta, jossa vastasyntyneet poikaset olisi pystytty pitämään pelkällä keinoruokinnalla hengissä.

Gerbiilien keinoruokinta
Keinoruokinta tulee kyseeseen oikeastaan

vain silloin, kun emo menehtyy poikasten ollessa jo vähän isompia. Pariviikkoisten poikasten pitäminen keinoruokinnalla hengissä voi jo onnistua ja mitä vanhempia poikaset ovat, sitä todennäköisempää henkiinjääminen on.

Seosohje:
1 tl hunajaa
½ dl kulutusmaitoa
1 tl ruokaöljyä
1 munankeltuainen
6 tippaa monivitamiiniliuosta

Ruoka tarjotaan poikaselle pienellä neulattomalla ruiskulla tai pipetillä. Liuosta voi säilyttää jääkaapissa n. 1 vuorokauden ajan, annos on melko iso, eikä se varmasti mene siinä ajassa. Etenkin pienille poikasille ruokaa olisi tärkeää tarjota usein, mieluiten tunnin välein, isommilla 3 viikkoisilla poikasilla ruokintavälit voi harventaa jopa 3-6 tunnin mittaisiksi. Opit varmasti melko pian huomaamaan sen, milloin poikasilla on nälkä. Väkisin niitä ei kannata syöttää, sillä tällainen johtaa helposti vain siihen, että poikanen vetää ruokaa henkeensä ja saa infektion. Tärkeää on myös muistaa huolehtia siitä, että eläimet saavat nestettä. Ruokintaa kannattaakin jatkaa siihen asti, kunnes poikaset todella käyttävät juomapulloa itse.

Pesässä on poikasia
Kaikki on mennyt hyvin ja pesässä piippaa kasa poikasia. Jos poikaset ovat emon ensimmäiset, kannattaa niiden antaa olla mahdollisimman rauhassa ja muutenkin emolle tulee antaa rauha hoitaa poikasiaan. Terraarion olisi hyvä olla paikassa, jossa sen ympärillä ei olisi jatkuvaa hälinää ja kulkemista. Emon tulee antaa olla rauhassa poikasten kanssa muutaman päivän, mutta jos oikein uteliaisuus iskee, voi pesään varovasti kurkistaa. Tätä ennen olisi emo hyvä nostaa hetkeksi vaikka kuljetuslaatikkoon, pestä kädet huolellisesti ja hieroa sen jälkeen ter-

Poikaset alkavat varsin pieninä tutustua ympäristöönsä. Emo kuitenkin kantaa pienet yleensä äkkiä takaisin pesään.

näkee kohtalaisen hyvin minkä värisiä niistä tulee (jos tietää miltä värit näyttävät poikaskarvassaan). Alle kaksiviikkoisina poikaset tekevät tutkimusmatkoja terraariossa, jos emo sen suinkin sallii. Ne ryömivät sinne tänne näkemättä mitään. Vähän yli kahden viikon iässä poikasten silmät avautuvat ja jalat kantavat paremmin. Poikaset tulevat kirppuikään, jossa ne pomppivat ja hyppivät ja saattavat aivan yks kaks syöksähtää kädeltä täysin hallitsemattomasti. Ne maistelevat ruokia – ja oikeastaan kaikkea muutakin. Kuuden viikon iässä terve gerbiilinpoikanen näyttää jo aivan pieneltä gerbiililtä, osaa syödä, juoda juomapullosta ja muutenkin elää kuin iso gerbiili. Silloin useimmat gerbiilit ovat myöskin valmiita lähtemään uuteen kotiin.

Poikasille on tärkeä tarjota monipuolista ruokaa, jolloin ne tottuvat tuoreruokiin aivan pienestä pitäen. Uusien ruokien kanssa tulee luonnollisesti olla varovainen ja antaa vain pieniä annoksia.

raarion puruista tuttuja hajuja käsiin. Tämän jälkeen kurkistetaan nopeasti pesään ja emon palautetaan terraarioonsa. Poikasiin koskemista kannattaa välttää etenkin, jos kyseessä on emon ensimmäinen poikue.

Tämän jälkeen on jossain määrin mielipideasia kuinka usein poikaset tarkistetaan. Toiset tarkistavat pesän päivittäin, toiset antavat ainakin ensimmäisillä viikoilla emon olla rauhassa poikastensa kanssa. Poikasten tarkistamisesta alun jälkeen ensimmäisinä viikkoina on loppujen lopuksi todella vähän hyötyä. Alun tarkastusta voi aina perustella sillä, että näin näkee aikaisessa vaiheessa mahdollisesti epämuodostuneina syntyneet tai muuten sairaan oloiset poikaset.

Poikaset kasvavat

Gerbiilin poikaset kehittyvät hämmentävää vauhtia. Syntyessään ne painavat vain muutaman gramman, ovat karvattomia ja sokeita. Niillä ei ole minkäänlaisia edellytyksiä selvitä elämästä ilman emon aktiivista huomiota ja hoitoa. Ensimmäisen viikon aikana poikaset kasvavat ja kehittyvät, karvapeite puskee esiin ja jo viikon ikäisistä poikasista

Mikä voi mennä vikaan?

Yli kymmenen kasvatusvuoden aikana olen nähnyt niin monta tapausta, jolloin poikasten teettäminen ei ole mennyt suunnitelmien mukaan. Osaan voi ainakin jossain määrin varautua, osalle ei oikeastaan mahda mitään. Niistäkin riskeistä on hyvä olla tietoinen, kun aikoo teettää gerbiilillään poikasia. Tätä taustaa vasten on myös hyvä esittää itselleen uudelleen alun kysymys: Miksi haluan gerbiilin poikasia? Olenko valmis vastuuseen?

Uroksen ja naaraan kohtaamisessa on aina olemassa samat ongelmat kuin minkä tahansa toisilleen vieraiden gerbiilejen. Seurauksena voi olla tappelu, josta taas seuraa ikäviä puremahaavoja tai pahimmassa tapauksessa jopa gerbiilin kuolema.

Uros ei välttämättä osaa astua. Naaras ei välttämättä tule kantavaksi. Naaras voi saada keskenmenon, se voi menehtyä synnytysongelmiin tai stressaantuneena syödä tai tappaa poikasensa synnytyksen jälkeen tai jopa pari viikkoa myöhemmin.

Poikaset voivat syntyä kuolleina tai vaikeasti vammaisina. Emolta ei aina tule maitoa ja poikaset kuihtuvat. Emon kanssa asuva lajitoveri voi myös tappaa poikaset tai omia ne itselleen niin, ettei emo pääse niitä hoitamaan. Tällöin, jos emoa ja poikasia ei siirretä muualle, voivat poikaset menehtyä ravinnon puutteeseen tai nestehukkaan. Poikaset voivat myös kuolla naksutautiin (kts. sairaudet) kolmiviikkoisina.

Uusien kotien etsiminen

Nyt sinulla on joukko poikasia ja et ehkä haluakaan pitää niitä kaikkia itselläsi, eikä kaikille olekaan kotia valmiiksi tarjolla. Tällöin joudut etsimään jäljelle jääneille uudet kodit. Gerbiileistä voi ilmoitella esimerkiksi lehdessä, internetissä tai kauppojen ilmoitustauluilla. Gerbiilejä ei kannata antaa ilmaiseksi tai myydä ihan parilla eurolla. Tällöin monella herää kiinnostus ostaa halpa lemmikki, jonka ottamista ei ole suunniteltu lainkaan, eikä edes hoidon perusasioista olla tietoisia. Tai ei ymmärretä hankkia gerbiileille riittävää terraariota varusteineen. Poikasia ei tulisi koskaan myydä eikä luovuttaa alaikäiselle, jolla ei ole huoltajaa mukanaan. Vain vanhempien läsnäolo takaa, että gerbiilin ottamiseen on todella lupa ja vältyt ongelmilta, kun eläin halutaankin palauttaa, eikä se menekään enää takaisin vanhaan laumaansa.

Omien gerbiilivauvojen luovuttaminen uuteen kotiin ei välttämättä myöskään ole ihan helppoa. Niihin on saattanut kiintyä jo kovasti. Asiaa helpottaa jos uudet omistajat ovat joko tuttuja tai mukavia ja tuntuvat ottavan eläimen hoidon tosissaan ja tietävät gerbiileistä jo valmiiksi. On mukava tietää, että gerbiilit menevät hyvään kotiin.

Poikaset kehittyvät nopeasti ja ovat luovutusiässä 6 viikkoisina.

64

Poikueen kasvattamisesta jalostukseksi

Olet ehkä teettänyt gerbiileilläsi poikueen tai pari ja miettinyt tehdäkö kasvatuksesta itsellesi todellinen harrastus. Ehkä mieleesi on tullut vain yksinkertaisesti kysymys siitä millä tavalla varsinainen kasvatus eroaa yhden tai kahden poikueen teettämisestä. Poikasia teetetään usein lemmikeillä, koska ollaan uteliaita näkemään miten kaikki tapahtuu, miten poikaset syntyvät, kasvavat ja kehittyvät. Gerbiilinpoikaset ovat söpöjä ja joskus voi olla mielessä, että poikasista saadaan itselle tai kaverille sopivia gerbiilejä lisää. Varsinaisen kasvattajan toiminta on usein suunnitellumpaa ja pitkäjänteisempää. Kasvattajan perusasioina on yrittää kasvattaa mahdollisimman terveitä ja hyväluonteisia gerbiilejä, jotka vastaisivat mahdollisimman hyvin rotumääritelmää. Kasvattajan työ jatkuu poikueesta toiseen, ja tavoitteena on, että jokainen sukupolvi olisi edes hitusen edellistä parempi.

Pitkän linjan kasvattaja tuntee omat linjansa, siellä esiintyvät ongelmat ja tyypilliset viat. Hän pyrkii suunnitelmallisesti parantamaan omia eläimiään, jotta hän itse ja muut saisivat entistä parempia ja terveempiä lemmikkejä sekä näyttelyeläimiä. Gerbiilien kasvatuksesta voi kehkeytyä hyvinkin vuosien mittainen mielenkiintoinen harrastus, jonka parista löydät lukuisia uusia ystäviä ja opit ymmärtämään gerbiilejä sekä muita eläimiä aina vain paremmin ja paremmin.

Miten alkuun?

Alku kannattaa aina ottaa maltillisesti, vaikka se unohtuukin helposti, kun ihastelee pieniä gerbiilinpoikasia ja tuntuu siltä, että kaikki on mahdollista. Sinulla saattaa olla joku tietty mieliväri, josta olet kiinnostunut ja jota haluaisit kasvattaa. Sinun kannattaa tutustua erityisesti tähän väriin ja sen mahdollisiin apuväreihin. Helpointa on ottaa

yhteyttä johonkin tätä kyseistä väriä kasvattavaan henkilöön ja kysellä häneltä ohjeita ja neuvoja. Samalla voit myös löytää itsellesi sopivia kasvatuseläimiä.

Kasvattamiseen ei kannata sännätä suinpäin heti ensimmäiset gerbiilit ostettuaan. On hyvä tutustua niihin ensin, oppia paljon gerbiilen perushoidosta, pohtia ovatko nämä nyt sitten niitä minulle sopivia eläimiä. Joskus käy niin, että ihminen innostuu kasvatuksesta, kerää paljon eläimiä kotiinsa ja alkuinnostuksen laannuttua gerbiilimäärä alkaakin tuntua liian työläältä ja kasvatus ei olekaan enää hauskaa. Lisäksi kun lasketaan mukaan kaikki ongelmat, joita gerbiilien lisääntymisessä voi eteen tulla (kts. poikasten teettäminen), voi olla, ettei koko kasvatuksesta enää löydykään ilon aiheita ja muut asiat kiinnostavat enemmän.

Tästä syystä suosittelen pitämään eläinmäärän alkuunsa hyvin pienenä, teettämään muutaman poikueen ja katsomaan mitä siitä seuraa. Kasvattaminen ei missään nimessä tarkoita mitään gerbiilitehdasta, jossa poikasia pukataan maailmaan kaiken aikaa. Osalla virallisistakin kasvattajista saattaa syntyä vain pari poikuetta vuodessa tai jonain vuonna ei välttämättä ollenkaan. Gerbiilien kasvatus ei myöskään missään nimessä rahallisesti kannata, joten sitä on turha ajatella. Kun saat käteesi ensimmäiset 15 tai 30 euroa gerbiilien myynnistä, voit kysyä hiljaa itseltäsi, kuinka paljon harrastus on maksanut terraarioineen, ruokineen, käytettynä aikana jne.

Gerbiilisilmä

Hyvä kasvattaja tarvitsee ehdottomasti gerbiilisilmää kasvatustyössään. Gerbiilisilmä tarkoittaa kykyä nähdä onko gerbiili rotumääritelmällisesti kuinka hyvä tai huono ja nähdä sen mahdolliset puutteet. Täydellistä gerbiiliä ei ole olemassa, jos näet jalostuseläimissäsi tai kasvateissasi sellaisia, sinua vaivaa varmastikin hyvin tyypillinen kasvattajan vaiva, kennelsokeus. Gerbiilisilmää ei saa millään muulla tavoin kuin harjoittelemalla. Voit kehittää sitä parhaiten käymällä näyttelyissä, tutustumalla oman värisi näyttelyluokkiin ja arvosteluihin ja ennen kaikkea käyttämällä niitä sinulle kaikkein tutuimpia gerbiilejä, sinun gerbiilejäsi, näyttelyssä. Tällöin pystyt paremmin vertaamaan näyttelyn jälkeen eläintä ja arvostelua ja yrittää nähdä mikä eläimessä on hyvää, mikä huonoa. Joskus arvosteluja voi olla hyvin vaikea tulkita, mutta tuomarilta voi aina kysyä mitä hän on tarkoittanut tai mitä mieltä hän tarkemmin on eläimestä. Tämä tulee luonnollisesti hoitaa vasta arvostelujen päätyttyä palkintojen jaon jälkeen. Lisäksi voit kehittää gerbiilisilmääsi ja ylipäätään kasvatustietouttasi osallistumalla Suomen Gerbiiliyhdistyksen kasvattajapäiville, joille kaikki kasvatuksesta kiinnostuneet ovat tervetulleita.

Kasvatussuunnitelma

Alkuun kasvatussuunnitelman teko on hyvin pienimuotoista, mutta jokaisella kasvattajalla olisi hyvä olla olemassa jonkinlaiset tavoitteet, joita kohden pyrkiä. Terve ja hyväluonteinen gerbiili ovat varmasti jokaisella kasvattajalla päätavoitteina, mutta näitäkin tavoitteita voidaan jonkin verran yksilöidä. Jos tiedät, että kasvatuseläintesi taustalla esiintyy jonkin verran vaikkapa shokkikohtauksia, voit kirjata tavoitteeksesi kiinnittää tähän asiaan erityistä huomiota. Shokkikohtauksia saadaan karsittua, kun valitaan kasvatukseen eläimiä, jotka eivät shokkaa. Toisaalta voit listata myös vaikkapa väriä koskevat tavoitteet. Jos kasvatat blackiä, voit kirjata tavoitteeseesi tummentaa blackin perusväriä, vähentää valkoisten karvojen määrää, poistaa tassujen valkoiset karvat jne. Jos gerbiileilläsi on yleisesti ottaen pitkät päät, voit kirjata tavoitteeksesi valita lyhytpäisempiä eläimiä kasvatukseen.

Kun tavoitteesi on selvillä voit kirjata jonkinlaisia suunnitelmia poikueista tavoittei-

siin päästäksesi. Jos eläimiä on useampia, voit suunnitella asioita tarkemmin, jos taas omistat yhden uroksen ja naaraan mahdollisuutesi ovat rajallisemmat: "Teetän näillä poikasia, valitsen parhaan poikasen kasvatukseeni ja yritän löytää sille mahdollisimman sopivan kumppanin".

Kasvatussuunnitelmia on ihana tehdä, vauhtiin päästyään sitä saattaa suunnitella kasvatustaan useiden sukupolvien päähän ja vaikka kuinka laajasti. Vaan aina on loppujen lopuksi muistettava, etteivät suunnitelmat aina toteudu niin kuin on ajatellut. Suunnitelmista on osattava luopua ja eläimiä on osattava siirtää kasvatuksesta syrjään. Vaikka joku eläin olisi lemmikkinä kuinka ihana ja vaikka se olisi sen-ja-sen jälkeläinen, jos se ei palvele kasvatustasi, sinun on osattava sanoa, ettei sen paikka ole kasvatuksessa vaan lemmikkigerbiilinä sinulla tai jollain muulla. Eteenkin alussa tällaisten päätösten tekeminen voi olla hyvin vaikeaa. Kun on odottanut poikasia pitkään ja hartaasti, pitää poikasten vanhemmista ja poikasille olisi suuria suunnitelmia, on todella kova paikka myöntää, ettei poikasista tullutkaan sellaisia kuin olisi pitänyt. Tätä kaikkea kutsutaan kasvattajan vastuuksi.

Kasvatuseläinten valinta

Aikaisemmassa poikasten teettämisestä kertovassa osuudessa oli jo tietoa siitä millaisella uroksella ja naaraalla voi teettää poikasia. Kasvatuksessa mukaan tulee kaiken tämän lisäksi vielä ulkonäölliset seikat. Luonnollisestikin kasvattajakin painottaa terveyttä ja luonnetta, asioita joiden kasvattaminen pitkän linjan kasvatuksessa on paljon helpompaa kuin yksittäisessä poikueessa, jossa et välttämättä tiedä vanhempien taustoista juuri mitään. Myös näissä asioissa kasvattajan tulee olla tarkka ja päättäväinen. Naksutaudista poikasena selvinneelle gerbiilille ei ole sen loppuelämän aikana juurikaan merkitystä sillä, että onko se naksunut poikasena vai ei. Koska taipumus naksutautiin on ilmeisimminkin jossain määrin periytyvää, voit aiheuttaa kasvatuksellesi pahoja ongelmia käyttämällä poikasena naksuneita eläimiä kasvatukseen. Ongelmat nimittäin tuppaavat valitettavasti yleensä kasvatuksessa kertautumaan ja tulemaan vaikutuksiltaan paljon suuremmiksi, kuin yhden eläimen kohdalla tuntui.

Luonteeseen kannattaa kiinnittää erityistä huomiota naaraiden kohdalla. Sen lisäksi, että luonne jossain määrin periytyy geenien mukana, naaraat opettavat käytöksellään poikasiaan. Hermostuneen naaraan poikasista tulee helposti hermostuneita ja jännittyneitä.

Ulkonäöllisesti tulisi luonnollisestikin valita mahdollisimman isoja, hyvän tyyppisiä ja hyvän värisiä yksilöitä, mutta aina se ei ole ollenkaan niin helppoa, kuin se tässä kirjoitettuna kuulostaa. Jonkin värin kohdalla saattaa olla tilanne, ettei hyvän värisiä yksilöitä ole olemassakaan ja toisaalta jossain värissä saattaa olla jopa niin paha tilanne, ettei ko. värin edustajia löydy, vaikka kuinka etsisi. Luonnollisestikin tässä tilanteessa voidaan todeta, ettei aloitteleva kasvattaja ole itselleen ainakaan sitä kaikkein helpointa työsarkaa värivalinnallaan ottanut.

Eläimissä on ulkonäöllisesti aina jotain vikaa. Kuten jo todettiin, täydellistä eläintä ei ole. Siksi olisi tärkeää valita kasvatukseen eläimiä, jotka täydentävät toisiaan. Molemmilla eläimillä ei siis saisi olla samaa vikaa, koska jos molemmat vanhemmat ovat vaikkapa tyypiltään lyhyitä ovat melkoisen varmasti myös kaikki niiden poikaset lyhyitä. Ruskeaan grey agoutiin ei tulisi yhdistää toista ruskeaa, koska luultavimmin taas lopputuloksena on vain ruskeita grey agouteja (ja ehkä joku ruskea slate).

Perussääntönä voisi pitää sitä, että kokoa ja tyyppiä tulee kasvattaa ensisijaisesti, kun nämä asiat ovat kasvatuksessa suurin piirtein kunnossa, on värin vuoro. Tästä syystä ensimmäiseksi eläimissä olisi hyvä kiinnittää huomiota nimenomaan kokoon ja tyyppiin ja sen jälkeen vasta väriin. Värin kanssa voidaan kasvatusta säätää loputtomiin, agoutin voidaan toivoa aina olevan punaisempi, tippauksen voidaan toivoa olevan vahvempi tai hennompi, kultaisen linjan voidaan toivoa olevan selvempi, samoin mustan häntäharjaksen. Näihin asioihin on helpompi palata, jos lähtöeläimet ovat liki kaikki isoja ja hyväntyyppisiä.

Viralliseksi kasvattajaksi – miten saan kasvattajanimen?
Moni haaveilee hyvin aikaisessa vaiheessa harrastusta siitä omasta kasvattajanimestä ja onhan se ymmärrettävääkin. Kun voit rekisteröidä kaikki kasvattamasi eläimet kasvattajanimesi alaisuuteen, ne tulevat leimatuksi juuri sinun kasvattamiksesi eläimiksi. Suosittelen kuitenkin lämpimästi, ettei kasvattajanimeä kannata heti ensimmäisenä hakea. Kannattaa alkuun tutustua harrastukseen ja selvittää onko tämä juuri se sinun juttusi. Voit halutessasi jälkikäteen lisätä kasvattajanimesi kaikille kasvateillesi.

Kasvattajanimen saamiselle on useita vaatimuksia, jotka kaikki tulee täyttää ennen kuin kasvattajanimen saa. Nämä vaatimukset ovat syystä olemassa ja vankalla kokemuksella perusteltuja. Ajankohtaisimmat tiedot kasvattajanimivaatimuksista saat Suomen Gerbiiliyhdistykseltä tai Suomen Kani- ja Jyrsijäliitosta.

Tällä hetkellä kasvattajanimen saaminen gerbiileille edellyttää mm. vähintään 18 vuoden ikää. Tapauskohtaisesti Suomen gerbiiliyhdistys voi myöntää nimen myös yli 16, mutta alle 18 vuotiaalle yhdistyksen hallituksen erillisellä päätöksellä. Lisäksi vaaditaan vähintään vuoden jäsenyyttä Suomen Gerbiiliyhdistyksessä (sekä maksettu jäsenmaksu kuluvalle vuodelle). Gerbiilikasvattajan tulee olla suorittanut Kasvatta-jakurssi 1:n hyväksytysti läpi, hänen tulee tuntea kasvattajanimisäännöt ja toimittaa kasvattajanimianomuksensa yhteydessä jalostus- ja kasvatussuunnitelma sekä allekirjoittaa kasvattajasitoumus.

Kasvattajanimeä haetaan Suomen Gerbiili-liyhdistykseltä, jolta hakemus lähtee Suo-men Kani- ja Jyrsijäliittoon, jossa kasvatta-janimianomus käsitellään. Kaikilla lemmik-kijyrsijöillä ja kaneilla on siis yhtenäinen kasvattajanimikäytäntö, etkä voi saada kas-vattajanimeksi nimeä, joka on jo käytössä esimerkiksi jollain rottakasvattajalla tai muistuttaa liiaksi jo olemassa olevaa nimeä.

Agouti

Argente

Argente cream

Väriesittely

Gerbiileillä tunnetaan Suomessa melkoinen määrä erilaisia värimuunnoksia ja kuviot siihen vielä lisäksi. Näistä väreistä varmasti löytyy jokaiselle se omaa silmää parhaiten miellyttävä. Jotkut värit ovat yleisempiä kuin toiset ja eläinkaupoissa värien määrä on usein rajallinen. Jos kaipaatkin jotain tiettyä väriä, kannattaa kääntyä asiassa kas-vattajien puoleen. Joku väri saattaa olla niin harvinainen, että sen saaminen kasvat-tajaltakin on kiven alla. Tällöin kannattaa tutustua myös muihin väreihin. Vaikka jo-kainen väri onkin selvästi omanlaisensa, jotkut muistuttavat toisiaan paljon.

Agouti
Se tavallinen ruskea, mustalla tipattu, val-kovatsainen gerbiili. Gerbiilin luonnollinen väritys. Silmät ovat mustat.

Argente
Vaalean ruskea tai kullankeltainen. Vatsa on valkoinen ja silmät punaiset.

Argente cream
Argenten vaaleampi muunnos. Perusvärinä vaalea aprikoosi. Kuten argentella vatsa valkoinen ja silmät punaiset.

Grey agouti
Agoutin harmaa muunnos. Valkoinen vatsa ja mustat silmät.

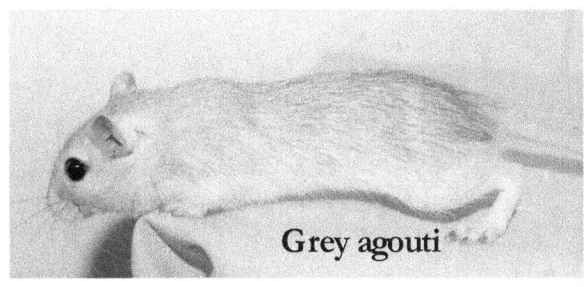

Grey agouti

Polar fox

Ivory cream

Black

Honey fox

Yellow fox

Ivory cream
Perusväriltään kerman värinen, valkovatsainen gerbiili, jolla punaiset silmät.

Honey fox
Oranssin ruskea gerbiili, jonka valkea vatsanväri saattaa nousta hyvinkin ylös kylkiin. Värissä hento tumma tippaus. Mustat silmät. Honey foxin väriominaisuuksiin kuuluu, että väri haalistuu iän myötä.

Yellow fox
Honey foxia vaaleampi, keltainen gerbiili, jolla valkea vatsa ja punaiset silmät.

Polar fox
Hyvin vaalea eläin, josta voi saada harmahtavan tai kellertävän vaikutelman. Jotkin polar foxit voivat olla hyvinkin tummasti tipattuja. Valkoinen vatsa ja mustat silmät.

Black
Musta eläin, jolla mustat silmät. Blackillä tyypillisiä värivirheitä ovat yksittäiset valkoiset karvat sekä kurkussa ja tassuissa valkoiset läntit. Kurkku ja tassuläntit ovat yleisiä myös muilla yksivärisillä eläimillä.

Lilac

Nutmeg

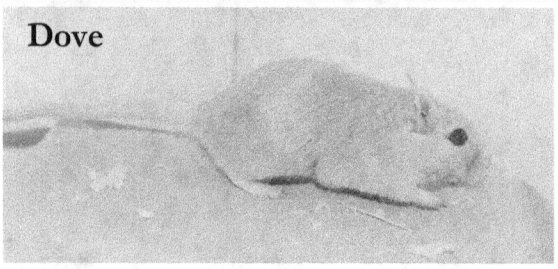

Dove

Slate

PEW

Lilac
Lilan sävyinen tumman harmaa eläin, jolla punaiset silmät.

Dove
Lilacia vaaleampi, kyyhkynharmaa eläin, jolla punaiset silmät.

Slate
Tumman harmaa eläin (selvästi lilacia tummempi, saattaa muistuttaa vaaleaa blackiä), jolla mustat silmät.

REW (ruby eyed white)
Luonnonvalkoinen eläin, punaisilla silmillä.

PEW (pink eyed white)
Puhtaanvalkoinen eläin, jolla pinkit silmät (yleensä punasilmäisillä eläimillä silmät ovat tummemmat).

Nutmeg
Kauttaaltaan ruskea eläin, joka on tipattu mustalla. Mustat silmät. Poikasina oranssinpunaisia ja tippaus tulee vasta karvanvaihdon yhteydessä.

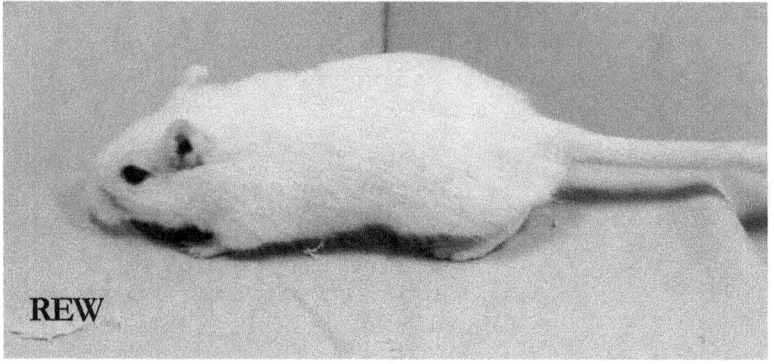

REW

Silver nutmeg

Burmese

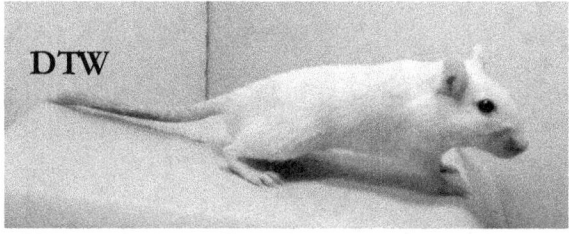
DTW

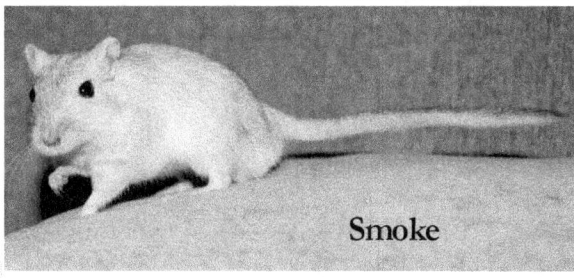
Smoke

Yellow nutmeg

Siamese
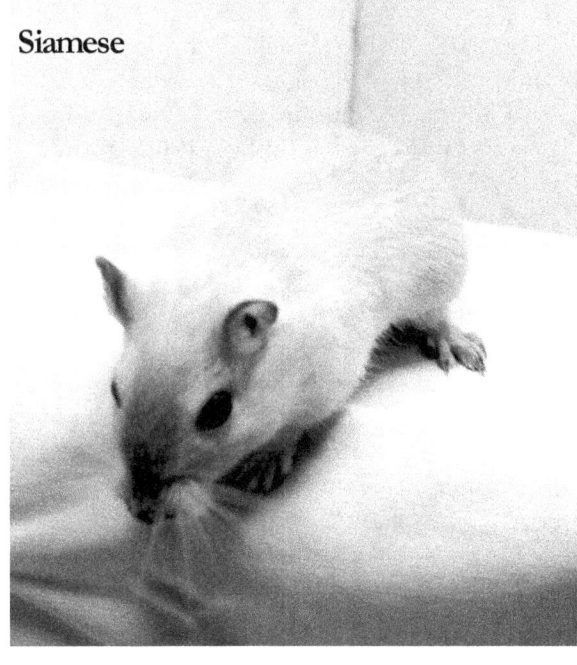

Silver nutmeg
Harmaa gerbiili, jolla tippaus. Mustat silmät. Poikaset vaalean kellertäviä ja tippaus ilmestyy karvanvaihdon yhteydessä.

Yellow nutmeg
Oranssi gerbiili, jossa voi olla aavistus tummempaa tippausta. Punaiset silmät.

Siamese
Harmaa gerbiili, jolla tumma kuono, korvat ja häntä. Silmät ovat mustat.

Burmese
Tummanruskea eläin, jolla tumma kuono, korvat ja häntä. Silmät ovat mustat.

DTW (Dark tailed white)
Valkoinen gerbiili, jolla tumma häntä. Silmät punaiset.

71

Cappuccino

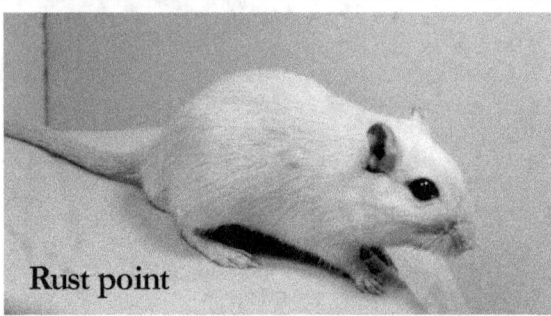

Rust point

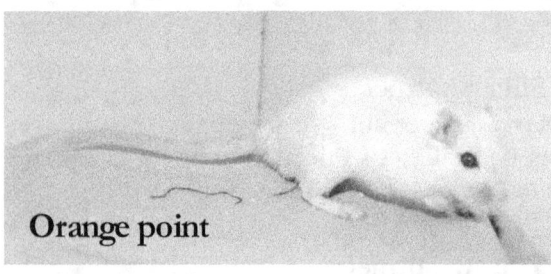

Orange point

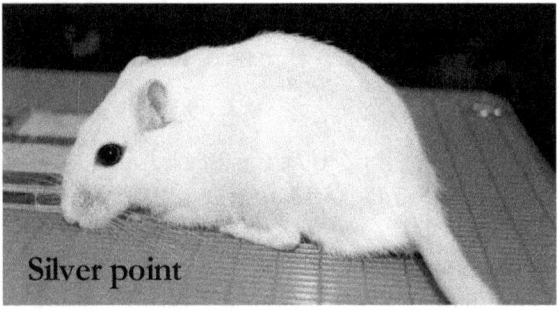

Silver point

Cappuccino
Värivaihtelu melkoista, vaaleimmat yksilöt lähes valkoisia, tummimmat ruskean kellertäviä ja voimakkaasti tipattuja. Silmät mustat.

Rust point
Pohjakarva oranssia, päävärinä vaalea kerma. Häntä, kuono ja korvat värittyneet oranssilla. Silmät mustat. Poikaset syntyvät oranssin keltaisina, mutta väri vaalenee iän myötä.

Orange point
Yleensä hieman vaaleampi kuin rust point. Silmät punaiset.

Silver point
Valkoinen eläin, jonka korvat ja häntä värittyneet harmaalla. Silmät ovat mustat.

Edellä mainittujen lisäksi Suomessa on jonkun verran niin sanottuja dilute-eläimiä. Nämä ovat vielä melko harvinaisia. Osa dilute väreistä on selvästi omia värejään kuten blue. Toisia värejä dilute-geenit lähinnä haalistavat huonoiksi värinsä edustajiksi. Suomessa on ainakin blueta, dilute agoutia, dilute grey agoutia ja dilute nutmegia.

Cappuccinon kanssa jossain tapauksessa menee sekaisin color point honey fox, joka ei ole ainakaan toistaiseksi virallinen väri. Värin edustajat ovat yleensä hyvin vaaleita, lähes valkoisia. Niillä on mustat silmät ja kellertävää pigmenttiä hännässä, korvissa ja kuonossa sekä mahdollisesti poskissa. Myös kevyttä harmaata tippausta voi esiintyä.

Lisäksi on olemassa viisi kuviota. Kuviot pied ja collared tarkoittavat kuviota, jossa gerbiilillä tulisi olla valkoinen läntti nenässä, otsassa ja hännässä, sekä selvä kaulus niskassa. Vatsan tulisi olla valkoinen. Collared kuviosta puhutaan, kun on kyse val-

Smoke
Harmaa, tipattu eläin, jolla valkoinen vatsa ja mustat silmät.

kovatsaisesta perusväristä (agouti, argente, argente cream, grey agouti, ivory cream jne.), pied esiintyy valkovatsaisilla eläimillä (black, lilac, dove, slate jne.). White spotted ja patched tarkoittavat kuviota, joka on hyvin samankaltainen kuin collared ja pied, mutta kauluksen tilalla on pelkkä pyöreä läntti. White spotted esiintyy samoilla valkovatsaisilla eläimillä kuin collared ja patched yksivärisillä niin kuin pied.

Uusimpana kuviona on tullut variegated, jonka kuviota ei ole tarkkaan määritelty. Yhteistä variegatedeille on kuitenkin se, että niissä on runsaammin valkoista kuin piedeissä ja collaredeissa. Kaulus ei ole yleensä niin selkeä vaan hukkuu runsaan valkoisen sekaan. Valkoista on yleensä perusväriä enemmän. Variegated esiintyy kaikilla väreillä.

Lisäksi gerbiileillä esiintyy jonkin verran ns. mottled-läikkiä. Nämä ovat melko harvinaisia ja siksi niillä ei ole rekisterissä virallista nimitystä. Kyseessä on värivirhe, jossa perusvärissä on selvästi tummempi läntti.

Piedillä (2 kuvaa alhaalla) kaulus usein yhdistyy otsa ja mahdollisesti myös nenäspottiin viiruna, vaikka rotumääritelmän mukaan se ei saisikaan näin tehdä.

White spotted (alla) nimitystä käytetään tästä kuviosta, kun se esiintyy perusväriltään valkovatsaisella eläimellä. Yksivärisellä eläimellä kuvio on patched.

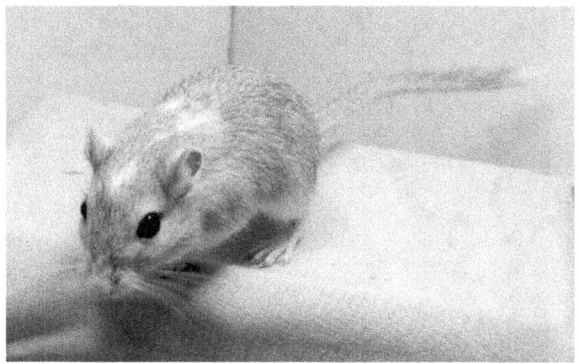

Collared (vasemmalla) on periaatteessa sama kuvio kuin pied, mutta esiintyy perusväriltään valkovatsaisilla eläimillä.

Patchedillä kuuluisi olla pieni läntti nenässä, otsassa ja niskassa. Usein kuitenkin niskaspotti on levinnyt kolmioksi tai jopa kauluksen aluksi.

Variegated on melko uusi kuvio gerbiileillä, eikä sillä ainakaan vielä vuonna 2009 ollut rotumääritelmää. Variegatedissa tulisi olla hyvin runsaasti valkoista.

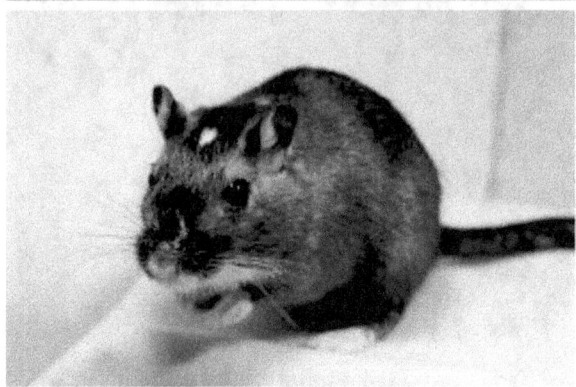

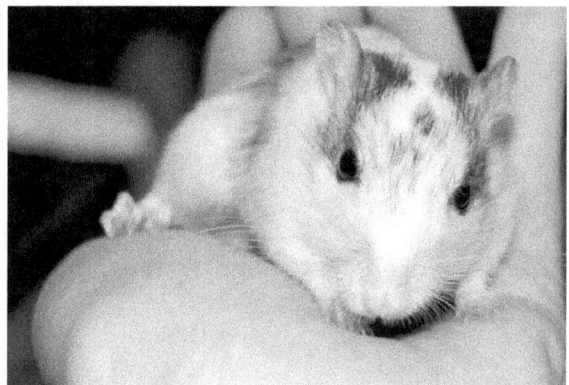

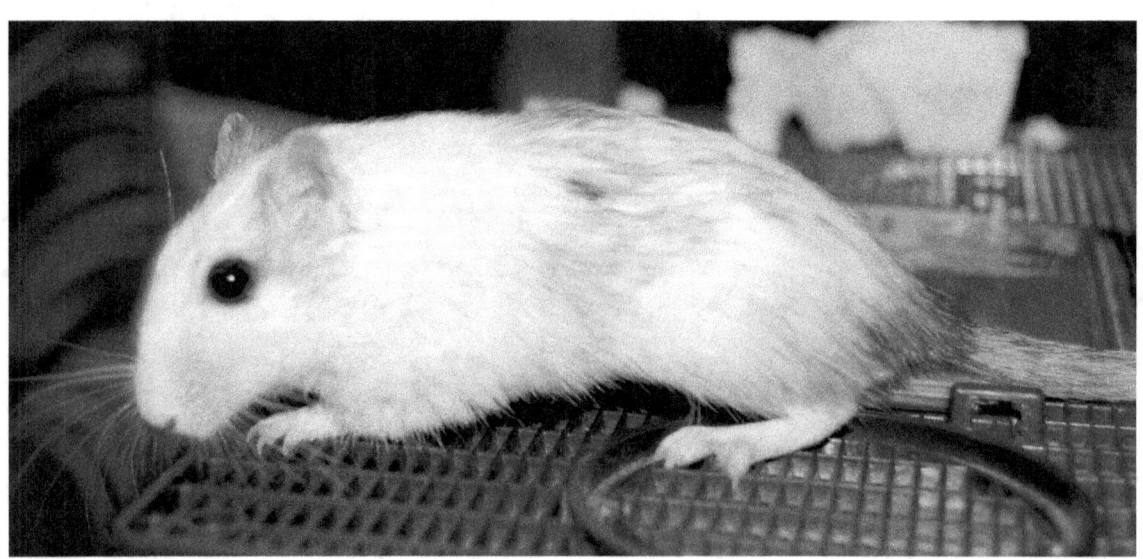

Näissä kuvissa on varsin uusia värejä Suomessa: color point honey fox, blue ja dilute nutmeg,

Blue

Blue

Color point honey fox

Color point honey fox

Dilute nutmeg

Gerbiiligenetiikka

Yleisimpiä kysymyksiä liittyen poikasten teettämiseen on: "Minkä värisiä poikasia syntyy, kun yhdistän tämän ja tämän värisen gerbiilin?" Asian pohtiminen voi joskus internetsivustoja seuratessa vaikuttaa salaseuran taitolajilta, johon ei keskiarvo gerbiilinomistaja pysty. Värien periytyminen on kuitenkin opeteltavissa ja monesti genetiikan opit vievätkin mennessään kiinnostavuudellaan, kun perusasiat on oivallettu.

Mitä ovat geenit?

Geenit määräävät erilaisia ominaisuuksia kaikissa elollisissa olennoissa. Selvimmin geenien vaikutukset näkyvät ulkoisissa ominaisuuksissa, kuten silmien värissä. Värien lisäksi geenit vaikuttavat gerbiilikasvatuksessa muun muassa kokoon, tyyppiin, elinikään, alttiuteen sairauksiin ja jopa luonteeseen. Nämä asiat eivät kuitenkaan ole yksiselitteisiä, eikä niiden genetiikkaa tunneta samalla tavoin kuin värien perinnöllisyyden.

Geenien lisäksi myös ulkoiset asiat vaikuttavat gerbiilin ominaisuuksiin. Jos gerbiiliä ruokitaan huonosti, se jää pieneksi, vaikka geenit mahdollistaisivat isomman koon. Perimältään hyväluonteinen gerbiili voi olla todellinen ongelmatapaus, jos sitä on kohdeltu huonosti. Gerbiilin väri ei voi varsinaisesti muuttua ympäristötekijöiden vuoksi, blackinä syntynyt gerbiili on aina black. Kuitenkin esimerkiksi huono ruokavalio voi vaalentaa blackin perusväriä ja pointillisten eläinten pointit tummenevat viileässä.

Gerbiilien värin aiheuttavat geenit tunnetaan, mutta lisäksi on olemassa väriä muuntelevia geenejä, jotka eivät ole tiedossa. Nämä geenit vaikuttavat siihen kuinka punainen agouti on ja miten paljon valkoista blackissä on. Gerbiilin värin aiheuttavat geenit merkitään kirjaimilla kuten A, C tai

P. Oikeastaan nämä ovat alleeleja, geenin vaihtoehtoisia muotoja, mutta yksinkertaisuuden vuoksi kutsutaan niitä yleensä vain geeneiksi.

Genetiikkasanastoa

Genotyyppi = Geenikokonaisuus, joka tässä tapauksessa määrittelee gerbiilin värin.
Geeni= Perintötekijä, joka aiheuttaa tietyn ominaisuuden.
Alleeli= Geenin vaihtoehtoiset muodot, jotka sijaitsevat kromosomissa samassa paikassa.
Lokus= Geenin paikka kromosomissa.
Fenotyyppi= Eläimen ulkoasu, se miltä eläin näyttää.
Dominoiva geeni/alleeli= Vallitseva ominaisuus, joka peittää ressesiivisen, eli väistyvän, ominaisuuden. Dominoiva ominaisuus määrittelee minkä värinen eläimestä tulee, vaikka sillä olisi väistyviä geenejä.
Ressesiivinen geeni/alleeli= Väistyvä ominaisuus, jota eläin kantaa, vaikkei se ulospäin näy, jos eläimellä on samassa lokuksessa myös dominoiva geeni. Jotta väistyvä ominaisuus tulisi esille eläimen ulkoasussa, on sen periydyttävä molemmilta vanhemmilta.

Genotyyppi, geeni, lokus – siis miten se meni?

Gerbiilin genotyyppi voidaan merkitä esimerkiksi:

A-   C-   E-   G-   P-   D-   spsp

Kullakin kirjaimella on genotyypissä oma lokuksensa, joka on kuin lokero, jossa on aina kaksi geeniä. Viivalla merkitään geeniä, joka ei ole tiedossa. Tässä esimerkissämme siis genotyyppi on: A- C- E- G- P- D- spsp. Geenejä ovat: A, C, E, G, P, D, spsp. Tässä esimerkissämme A- on omassa lokuksessaan, C- omassaan, spsp omassaan ja niin edelleen.

Dominoivat geenit merkitään aina isolla kirjaimella (A, C, E) ja ressesiiviset pienellä

(sp). Jos lokuksessa on useampia vaihtoeh-
toja resessiiviseksi geeniksi käytetään yläin-
deksiä (c^b, c^h, e^f). Dominoiva geeni merki-
tään aina ensin (Aa). Esimerkiksi agoutista
tietää varmasti, että se on A, koska se on
agouti. Jos ei voida olla varmoja onko eläin
AA vai Aa, käytetään merkintää A-. Usein
väreistä merkitään vain resessiiviset geenit.
Näin pp on argente ja aa pp lilac.

Mitä enemmän gerbiilivärissä on väistyviä
ominaisuuksia, sitä enemmän sen genotyy-
pin geenejä tiedetään. Muissa tapauksissa
genotyyppiä voidaan täydentää eläimen
vanhempien ja poikasten värien avulla.
Tästä myöhemmin lisää. Kuitenkaan lähes-
kään aina gerbiilin genotyyppiä ei voida
täysin varmaksi sanoa.

Pääasiassa Suomessa värien genotyyppejä
merkitessä puhutaan lokuksista A, C, E, G
ja P. On kuitenkin vielä kaksi väriin vaikut-
tavaa lokusta, jotka tunnetaan. Toinen on
Sp-lokus, joka vaikuttaa eläimen kuviolli-

suuteen ja toinen D-lokus. D-lokuksessa
olevat resessiiviset geenit ovat kuitenkin
Suomen gerbiilikannassa vielä niin harvi-
naisia, että tätä lokusta harvoin merkitään.

Periytyminen

Geeneistä aina puolet tulee isältä ja puolet
äidiltä, vaikka eläin saattaakin ulkoisesti
muistuttaa selvästi jompaakumpaa.

Kuvan esimerkissä ensimmäisen polven
(isänisä-isänemä = isä) risteymä on yksin-
kertainen. Koska Isänisällä on vain AA ja
isänemällä aa ovat poikaset väistämättä Aa.
Sama koskee myös P-geeniä. PP+pp=Pp.
Kun näillä eläimillä teetetään poikasia, ei
lopputulos olekaan enää selvä. Eläimet
tuottavat A:n kaikkia eri variaatioita AA,
Aa ja aa ja sama juttu P-geenien kanssa,
poikasissa on PP, Pp ja pp jälkeläisiä. Isä ja
emä tuottavat agouti (AAPP, AaPP, AAPp
ja AaPp) ja Lilac (aapp) jälkeläisten lisäksi
myös argente (AApp, Aapp) ja black
(aaPP, aaPp) jälkeläisiä. On tärkeää oival-

Genetiikka esimerkki 1

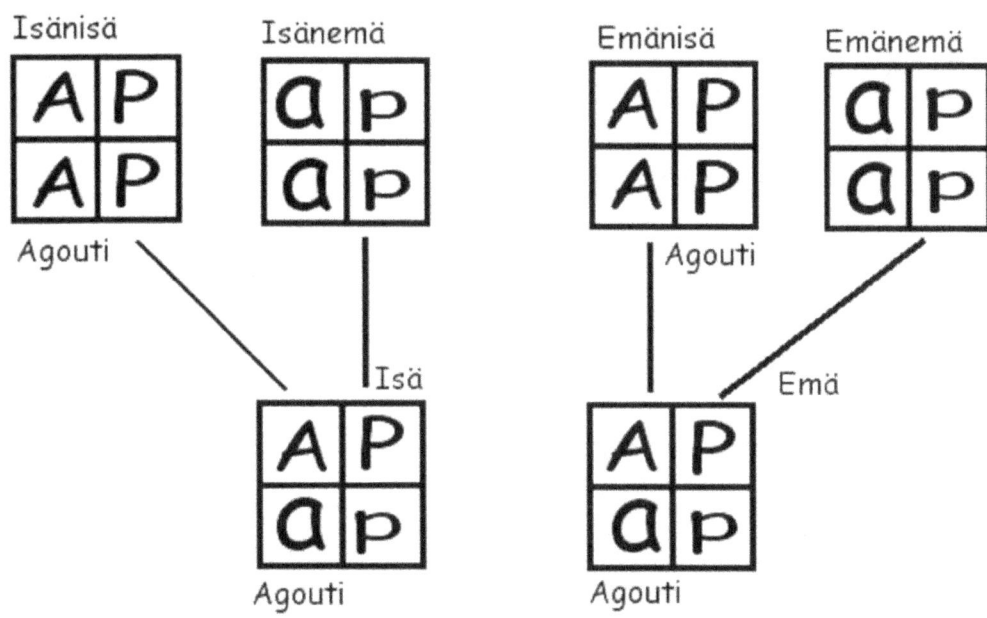

taa, että AAPP on ihan yhtä agouti kuin AaPp.

Yksi klassisimpia oletuksia perinnöllisyydestä on, että värit jotenkin sekoittuisivat keskenään. Yleisimmissä tapauksissa oletetaan, että musta ja valkoinen gerbiili saavat mustavalkoisia tai harmaita poikasia. Tämä ei kuitenkaan ole totta.

Jos otetaan esimerkiksi black (musta) ja REW (valkoinen). Blackin genotyyppi on aa C- E- G- P- ja REWin aa C- E- gg pp. Jos gerbiileillä ei ole yllätyksellisiä väistyviä geenejä blackin geenit dominoivat REWin väistyviä geenejä ja syntyy genotyypiltään aa C- E- Gg Pp gerbiilejä, jotka ovat kaikki blackejä.

Huom! Esimerkkiin ei ole kirjoitettu kaikkia resessiivisiä geenejä, koska molemmilla vanhemmilla on samat väistyvät geenit (aa), jolloin ne välttämättä ovat myös poikasillakin.

Jotta asiat eivät olisi yksinkertaisia ja genetiikka olisi hauskaa, eivät asiat aina ole näin yksiselitteisiä. On olemassa mahdollisuus, jossa mustasta ja valkoisesta syntyy mustavalkoisia gerbiilejä. Näin käy, jos REW on kuviollinen (toisen REWin vanhemmista on oltava kuviollinen). Koska REW on valkoinen, valkoinen kuvio ei näyt sen turkissa. Valkoisen gerbiilin kuviollisuus selviää yleensä vasta poikasia teetettäessä. Tällöin ei siis oikeasti ole kyse värien sekoittumisesta toisiinsa, vaan black-poikaset perivät REW vanhemmaltaan valkoisen kuvion.

Genetiikka esimerkki 2

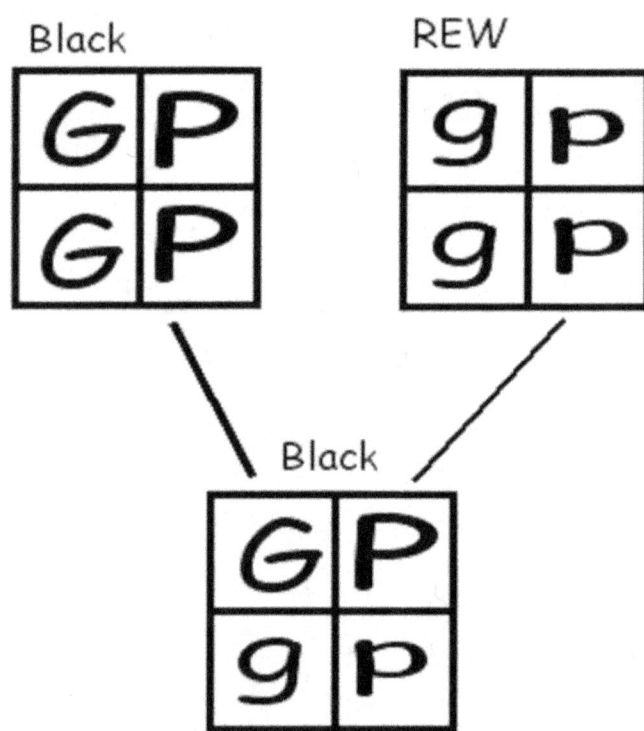

Black

REW

Black

Lokukset ja niissä olevien geenien vaikutukset
Seuraavassa on luokiteltu gerbiilivärien lokukset ja niissä esiintyvät geenit.

A (agouti) lokus
A – Normaaliväritys: aiheuttaa valkovatsaisen eläimen, jonka päälikarva yleensä kolmivärinen (pohjaväri, perusväri ja tippaus). Värejä esimerkiksi agouti, argente ja smoke.
aa – aiheuttaa eläimen, jolla väriä myös vatsassa. Esimerkiksi black, lilac tai nutmeg.

Pääsääntöisesti A-eläimellä on valkoinen vatsa ja aa-eläimet ovat yksivärisiä. Yksivärisyydestä kuitenkin poikkeuksen tekevät jotkin pointilliset (siamese, burmese, rust point) ja nutmegit.
Esimerkkinä A-lokuksesta

A->agouti aa->black tai A-> honey fox aa->nutmeg.

C (albiino) lokus

Albiinolokuksessa gerbiileillä on eniten vaihtoehtoisia geenejä ja gerbiilien ulko-asusta ei aina ole mahdollista sanoa mitkä geenit sillä on C-lokuksessa. C-lokuksessa nähdään myös epätäydellistä dominanssia. Tämä tarkoittaa sitä, että väistyvä geeni aiheuttaa vallitsevan alleelin kanssa eri värin kuin dominoivat tai resessiiviset geenit keskenään.

C-normaaliväritys
c^bc^b – burmeseväritys. Aiheuttaa pointillisen eläimen. Burmesen lisäksi myös smoke, cappuccino ja PEW voivat olla c^bc^b. Kuitenkin kaikilla muilla kuin burmesella on myös muita geenivaihtoehtoja, joilla syntyy ko. värinen eläin.
c^bc^h – siameseväritys. Aiheuttaa pointillisuuden. Smoke, cappuccino ja PEW voivat olla myös c^bc^h.
c^hc^h – DTW-väritys. Eläin vaalenee voimakkaasti ja c^h-geeni vaalentaa myös silmiä. DTW onkin ainoa väri, joka on geneettisesti mustasilmäinen, mutta fenotyypiltään, eli ulkoasultaan punasilmäinen, kahden c^h-geenin vuoksi. Myös PEW voi olla c^hc^h.

Nämä geenit vaikuttavat siis pointillisuutteen, jossa väri vaalenee ruumiista ja ääreisosiin jää tummat pointit. Punasilmäisyyden aiheuttavat p-geenit vaalentavat c^b ja c^h geenien kanssa eläintä aina niin voimakkaasti, että eläimestä tulee täysin valkoinen vaaleanpunaisilla silmillä, eli PEW. PEWin genotyypistä pystytään siis sanomaan, että se on $c^hc^h/c^bc^h/c^bc^b$ pp. Muiden geenien vaikutukset jäävät näiden alle.

Argenten vaalenemisen argente creamiksi aiheuttaa c^h-geeni. Sama tapahtuu lilacin ja doven kanssa. Myös c^b vaalentaa lilacin ja argenten väriä, mutta ei yhtä paljon kuin c^h.

Näitäkin (Cc^b) eläimiä kutsutaan argente creamiksi ja doveksi, mutta ne ovat virheellisesti liian tummia.

ee ja e^fe^f geenien kanssa c^b ja c^h geenit aiheuttavat samaan tapaan värin selvän vaalenemisen. Rotumääritelmän mukaiseen eläimeen pyrittäessä tämä luonnollisesti on virhe.

Esimerkkejä
A- C- = agouti -> A- c^bc^b/c^bc^h = smoke -> A- c^hc^h = DTW

pp- geenien kanssa yksikin c^h tai c^b muuttaa väriä seuraavasti:
A- CC- pp = argente -> A- Cc^h pp = argente cream

E (extension series) lokus
E- normaaliväritys
ee- lisää runsaasti keltaista väripigmenttiä. Valkovatsaisilla väreillä aiheuttaa häilyvän, korkean vatsalinjan ja poskikuviot. Näitä värejä kutsutaan valkovatsaisilla foxeiksi ja yksivärisillä (muut muunnokset) nutmegeiksi.
e^fe^f- pentukarva on voimakkaasti keltainen, mutta aikuiskarvan vaihdon myötä väri katoaa melkein kokonaan. Ääreisosiin jää keltaista/harmaata pigmenttiä pointeina (rust point, silver point, orange point).

Yhdistelmä ee^f on kahden aikaisemman välimuoto. Se on poikaskarvassa selvästi fox tai nutmeg, mutta vaalenee iän myötä. ee^f saattaa tehdä honey foxista todella vaalean ja kirjavan, viedä polar foxista värin liki kokonaan ja hävittää nutmegista tippauksen täysin samalla, kun muuttaa perusvärin haalean keltaiseksi.

G (greyish) lokus
G- normaaliväritys
gg- keltainen väripigmentti puuttuu melkein kokonaan ja mustasarjan (aa) eläimet vaalenevat selvästi.

Esimerkkejä
A- G- = agouti -> A- gg = grey agouti
A- pp = argente -> A- gg pp = ivory cream
aa- G- = Black -> aa gg = slate

P (pink eyed dilution) lokus
P – normaaliväritys eli mustat silmät. Poikkeuksen muodostaa $c^h c^h$ P- eläin, joka on DTW.
pp – aiheuttaa silmien vaalenemisen rubiinin punaisiksi ja vaalentaa perusväriä.

Esimerkkejä
A- P- = agouti -> A- pp = argente
aa P- = black -> aa pp = lilac

D (dilute) lokus
D- normaaliväritys
dd- laimentaa eli vaalentaa väriä.

Esimerkiksi
aa = black -> aa dd = blue

Sp (spotted) lokus
spsp – kuvioton
Sp – kuviollinen, dominoiva geeni.

Pied/collared kuvion aiheuttaa ei geeni kuin varsinaisen patched/white spotted kuvion. Kuitenkin patched/white spotted nimillä rekisteröidään pied/collared-linjoista syntyviä pienikuvioisia eläimiä. Piedgeeni dominoi ”aitoa” patchedgeeniä ja näin aito patched ei voi saada pied jälkeläisiä. Nykyisin kuitenkin aidon patched/white spotted kuvion aihe-

uttava geeni on ilmeisesti hävinnyt Suomesta täysin, joten kaikki kuviolliset ovat pied/collared-taustaisia.

Uutena tulokkaana gerbiileille on tullut runsasvalkoinen kuvio variegated. Tämä on geneettisesti isokuvioinen (paljon valkoista) pied/collared. Pääsääntöisesti valkoisen määrä lisääntyy yhdistettäessä kuviollisia keskenään ja vähenee, kun kuviollisia yhdistetään kuviottomiin. Ei kuitenkaan ole sääntöä ilman poikkeusta ja pienikuvioinen voi saada hyvinkin suurikuvioisia jälkeläisiä yksivärisen eläimen kanssa.

Lisää esimerkkejä perinnöllisyydestä
AA gerbiili on agouti ja aa black, mutta miten niiden risteytys Aa? Se on myös agouti, koska A peittää väistyvän a:n. Mitä merkitystä tällä on jatkoa ajatellen?

Agouti ja black saavat poikasia

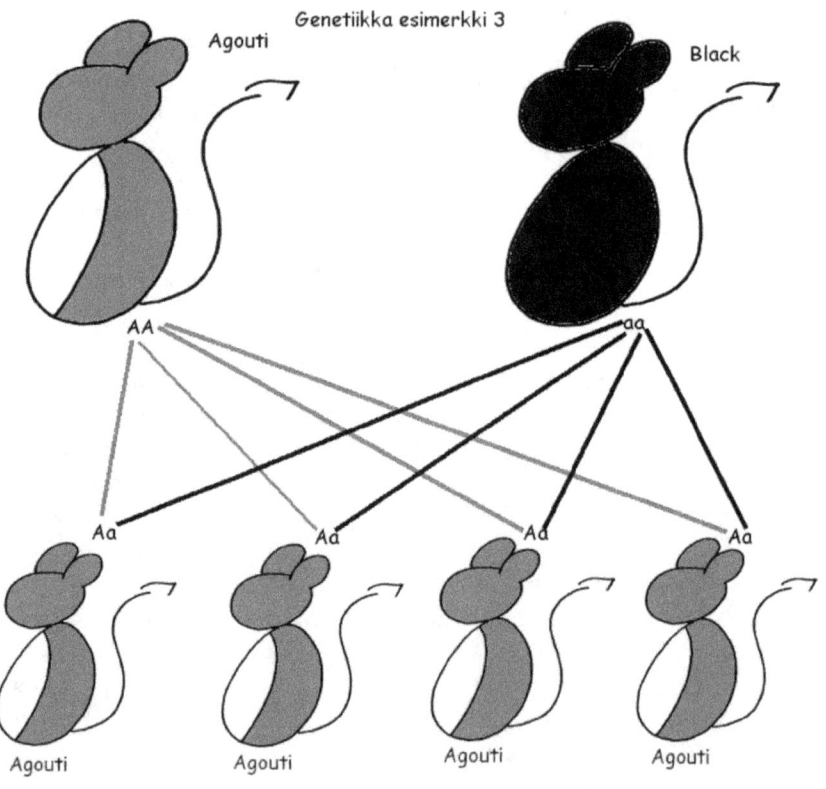

Genetiikka esimerkki 3

Agouti

Black

AA

aa

Aa   Aa   Aa   Aa

Agouti   Agouti   Agouti   Agouti

Kaikki ensimmäisen polven jälkeläiset ovat siis blackiä kantavia agouteja. Jos kaksi tällaista agoutia risteytetään.

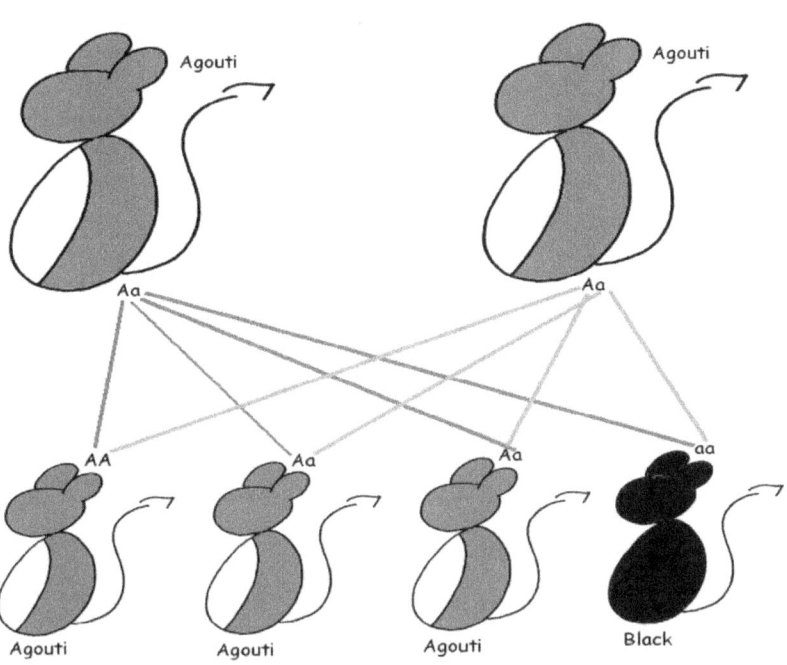

Genetiikka esimerkki 4

Tästä yhdistelmästä syntyykin jo blackiäkin, keskimäärin 25% poikasista.

Vielä toinen esimerkki toisen polven risteytyksestä. Jos blackiä kantava agouti yhdistetään blackin kanssa.

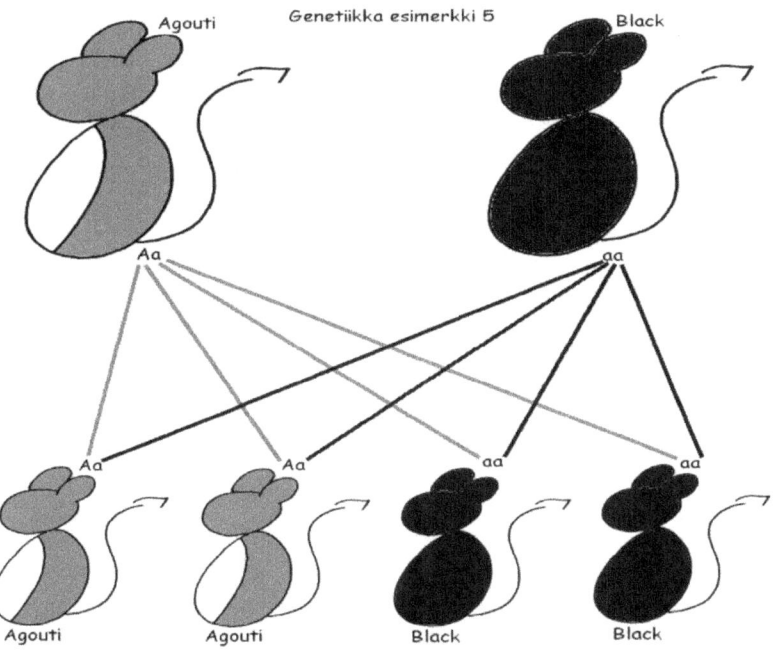

Genetiikka esimerkki 5

Tällöin agoutia ja blackiä syntyy jo suhteessa 50%-50%.

Nämä esimerkit ovat melko yksinkertaisia, koska kyseessä on vain yhden geeniparin vaikutuksesta gerbiiliväriin. Jos lasketaan useamman geenin vaikutuksia on hyvä ottaa ainakin aluksi apuun taulukkolaskenta. Tällöin nähdään helposti myös syntyvien värien prosentuaalisia todennäköisyyksiä poikueesta. Nämä ovat kuitenkin vain todennäköisyyksiä, jotka toteutuvat vain isommassa otannassa. Yhdessä poikueessa sattumanvarainen esiintyvyys voi tarkoittaa sitä, että kaikki poikaset ovat saman värisiä tai vähiten todennäköistä on eniten. Jonkinlaista suuntaa laskelmat kuitenkin antavat. Hyvin pienellä todennäköisyydellä syntyvää väriä ei kannata odottamalla odottaa poikueeseen, mutta jos todennäköisyys on yli 25% eli yksi neljästä, väriä luultavimmin syntyy.

Taulukko luodaan niin, että ylimmälle riville tulee uroksen mahdollisesti antamat geenit ja vasemmalta ensimmäiseen sarakkeeseen emon geenivaihtoehdot. Jos tarkastelemme ensimmäisen esimerkkimme black (isä) – agouti (emä) risteytystä taulukossa, se näyttää tältä

	a	a
A		
A		

Täytettynä taulukko näyttää tältä:

	a	a
A	Aa	Aa
A	Aa	Aa

Kaikki poikaset ovat siis Aa eli agouteja, kuten aikaisemmin jo totesimme.

Seuraavassa esimerkissä oli kaksi blackiä kantavaa Aa agoutia.

Taulukossa yhdistelmä näyttää tältä:

	A	a
A	AA	Aa
a	Aa	aa

Jolloin näemme, että ¼ ei kanna blackiä, 2/4 kantaa ja ¼ on blackejä. Tästä saamme lopputulokseksi, että 25% (1 / 4 * 100) poikasista pitäisi olla blackejä.

Jos haluamme tarkastella useamman ominaisuuden periytymistä listaamme eri vaihtoehdot taulukkoon. Otetaan esimerkiksi kaksi Aa Ee agoutia.

	AE	Ae	aE	ae
AE	AA EE	AA Ee	Aa EE	Aa Ee
Ae	AA Ee	AA ee	Aa Ee	Aa ee
aE	Aa EE	Aa Ee	aa EE	aa Ee
ae	Aa Ee	Aa ee	aa Ee	aa ee

Olemme saaneet aikaan taulukon, jossa on monta erilaista yhdistelmää: AAEE (agouti 1/16), AAEe (agouti 2/16), AaEE (agouti 2/16), AaEe (agouti 4/16), Aaee (honey fox 1/16), Aaee (honey fox 2/16), aaEE (black 1/16), aaEe (black 2/16) ja aaee (nutmeg 1/16).

Yhteenvetona
Agouti 9/16 = 9 / 16 * 100 = 56,25%
Honey fox 3/16 = 3 / 16 * 100 = 18,75%
Black 3/16 = 3 / 16 * 100 = 18,75%
Nutmeg 1/16 = 1 / 16 * 100 = 6,25%

Tämän perusteella voisi sanoa, että yhdistelmästä syntyy agoutia, myös honey fox ja black ovat todennäköisiä. Nutmegia voi syntyä, mutta se on harvinaista.

Taulukkoon merkitään vain ne lokukset, joissa jommallakummalla on resessiivisiä geenejä. Resessiivisiä ei kuitenkaan merkitä,

82

jos molemmilla vanhemmilla ovat samat resessiiviset geenit (kaksi resessiivistä geeniä samassa lokuksessa). Myös siinä tapauksessa, jos toisella vanhemmalla on varmasti kaksi dominoivaa geeniä (esim. EE) ja toisella resessiivisiä (ee) ei geenejä merkitä taulukkoon, koska poikasten geenit ovat jo tiedossa (Ee).

Esimerkiksi argenten (AA CC EE Gg pp) ja doven (aa Cc^h EE Gg pp) tapauksessa merkitään:
-C:t, koska poikaset voivat saada dovelta, joko C:n tai c^h:n.
- G:t, koska molemmat vanhemmat voivat periyttää joko G:n tai g:n.

Taulukkoon ei merkitä:
-A:ta, koska kaikki poikaset ovat varmasti Aa.
- E:tä, koska kaikki poikaset ovat EE.
- P:tä, koska kaikki poikaset ovat pp.

	CG	Cg	c^bG	c^bg
CG	CC GG	CC Gg	Cc^b GG	Cc^b Gg
Cg	CC Gg	CC gg	Cc^b Gg	Cc^b gg

Tämä yhdistelmä näyttää taulukossa tältä:
Yhdistelmästä syntyy siis:
AaCCEEGGpp = Argente 1/8
AaCCEEGgpp = Argente 2/8
$AaCc^hEEGgpp$ = Argente cream 3/8
AaCCEEggpp = Ivory cream 1/8
$AaCc^hEEggpp$ = Ivory cream (vaalea) 1/8

Lopputuloksena argente 37,5%, argente cream 37,5% ja ivory cream 25% (puolet c^h geenillä).

Vielä malliksi yksi useamman geenin taulukko. Jos yhdistämme blackin aaCcbEeGGPp burmeseen aacbcbEeGGPp.

	CEP	CEp	CeP	Cep	c^bEP	c^bEp	c^beP	c^bep
c^bEP	Cc^bEEPP	Cc^bEEPp	Cc^bEePP	Cc^bEePp	c^bc^bEEPP	c^bc^bEEPp	c^bc^bEePP	c^bc^bEePp
c^bEp	Cc^bEEPp	Cc^bEEpp	Cc^bEePp	Cc^bEepp	c^bc^bEEPp	c^bc^bEEpp	c^bc^bEePp	c^bc^bEepp
c^beP	Cc^bEePP	Cc^bEePp	Cc^beePP	Cc^beePp	c^bc^bEePP	c^bc^bEePp	c^bc^beePP	c^bc^beePp
c^bep	Cc^bEePp	Cc^bEepp	Cc^beePp	Cc^beepp	c^bc^bEePp	c^bc^bEepp	c^bc^beePp	c^bc^beepp

Lopputuloksena siis:
aaCcbEEGGPP = Black 1 / 32
aaCcbEEGGPp = Black 2 / 32
aaCcbEeGGPP = Black 2 /32
aaCcbEeGGPp = Black 4 / 32
aacbcbEEGGPP = Burmese 1 / 32
aacbcbEEGGPp = Burmese 2 / 32
aacbcbEeGGPP = Burmese 2 / 32
aacbcbEeGGPp = Burmese 4 / 32
aaCcbEEGGpp = Dove 1 / 32
aaCcbEeGGpp = Dove 2 / 32
aacbcbEEGGpp = PEW 1 / 32
aacbcbEeGGpp = PEW 2 / 32
aaCcbeeGGPP = Nutmeg 1 / 32
aaCcbeeGGPp = Nutmeg 2 / 32
aacbcbeeGGPP = Cappuccino 1 / 32
aacbcbeeGGPp = Cappuccino 2 / 32
aaCcbeeGGpp = Yellow nutmeg 1 / 32
aacbcbeeGGpp = PEW 1 / 32

Yksinkertaistettuna blackiä 28,125%, burmesea 28,125%, dovea 9,375%, PEWiä 12,5%, nutmegia 9,375%, cappuccinoa 9,375% ja yellow nutmegia 3,125%. Mitä enemmän eri geenivaihtoehtoja, sitä enemmän mahdollisesti syntyviä värejä ja sitä monimutkaisemmat laskut ja taulukot.

Miten geenejä täydennetään?

Värien genotyyppilistasta löytyy värien "pakolliset geeni". Ne, jotka tekevät väristä kyseisen värin. Esimerkiksi käy vaikka agouti, josta emme tiedä sen enempää. Sen genotyyppi on A- C- E- G- P-. Genotyyppiä voidaan täydentää, jos eläimestä tiedetään vanhempien värit tai eläin on saanut jälkeläisiä. Jos esimerkki agoutimme vanhemmat ovat black ja grey agouti täydentyvät A- ja G- lokukset.

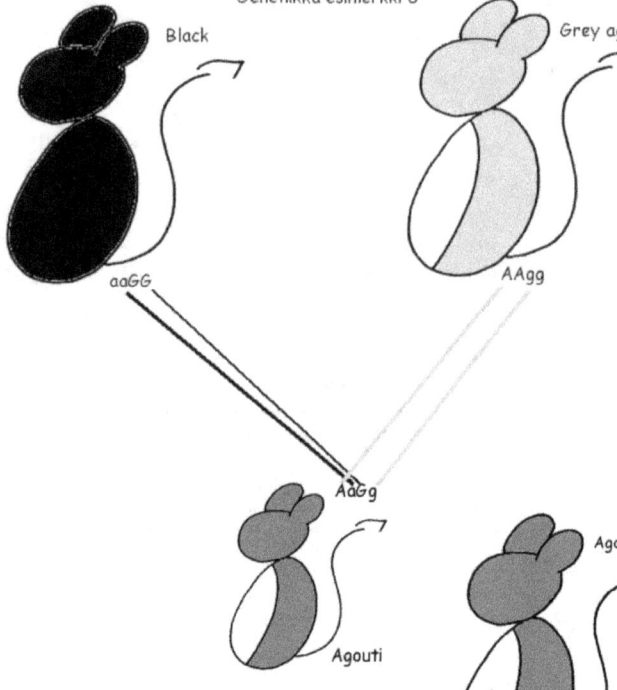

Genetiikka esimerkki 6

Black
aaGG

Grey agouti
AAgg

AaGg

Agouti

Tällöin agoutin on oltava AaC-E-GgP-, koska se ei ole voinut saada blackilta kuin a:n, eikä grey agoutilta kuin g:n.

Jos taas agouti yllättää ja saa yellow foxin kanssa yellow fox lapsen on agoutin oltava AaC-EeGgPp.

Tämän esimerkin yellow fox jälkeläisestä taas on täysin mahdotonta sa-

noa onko se saanut agouti-vanhemmaltaan a:n tai g:n.

Mitä värejä ei voi syntyä?

Kun ymmärtää dominoivien ja resessiivisten geenien säännöt, pystyy helposti vastaamaan ainakin kysymykseen siitä mitä värejä ei yhdistelmästä voi tulla. Kahdesta resessiivisesta ei voi tulla dominoivaa. Esimerkkejä

aa+aa ei voi olla A, eli kahdesta blackistä ei voi syntyä agoutia, kun taas Aa + Aa voi olla = aa. Laajemmin kahdesta yksivärisestä ei voi syntyä valkovatsaista. Kahdesta nutmegista ei voi syntyä foxia.

cbcb+cbcb ei voi olla C eli kahdesta burmesesta ei voi syntyä blackiä, eikä kahdesta smokesta agoutia. Kahdesta niin sanotusta pointillisesta ei voi syntyä yksiväristä (poikkeuksena PEW).

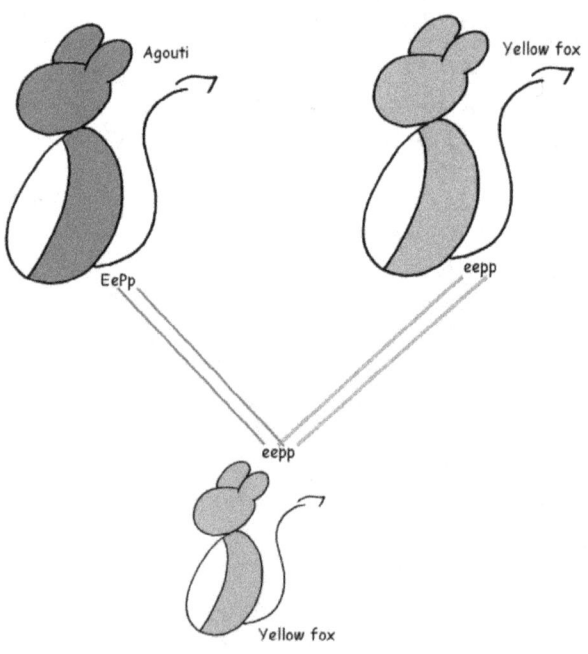

Genetiikkaesimerkki 7

Agouti
EePp

Yellow fox
eepp

eepp

Yellow fox

ee+ee ei voi olla E eli kahdesta honey foxista ei voi syntyä agoutia.

gg+gg ei voi olla G, eli kahdesta grey agoutista ei voi syntyä agoutia.

pp+pp ei voi olla P, eli kaksi argentea ei voi saada agouti jälkeläistä. Laajemmin kahdesta punasilmäisestä ei voi syntyä mustasilmäistä. Poikkeuksena DTW, joka siis geneettisesti mustasilmäinen (P).

Gerbiilivärit ja niiden genotyypit

Agouti	A- C- E- G- P-
Argente	A- CC E- G- pp
Argente cream	A- Cc'h/Cc'b E- G- pp
Grey agouti	A- C- E- gg P-
Ivory cream	A- C- E- gg pp
Honey fox	A- C- ee G- P-
Polar fox	A- C- ee gg P-
Yellow fox	A- C- ee G- pp
Black	aa C- E- G- P-
Lilac	aa CC E- G- pp
Dove	aa Cc'h/Cc'b E- G- pp
Slate	aa C- E- gg P-
REW	aa C- E- gg pp
PEW	-- c'hc'h/c'bc'b/ c'bc'h -- -- pp
Nutmeg	aa C- ee G- P-
Silver nutmeg	aa C- ee gg P-
Yellow nutmeg	aa C- ee G- pp
Smoke	A- c'bc'b/c'bc'h E- G-/gg P-
Burmese	aa c'bc'b E- G-/gg P-
Siamese	aa c'bc'h E- G-/gg P-
DTW	-- c'hc'h -- -- P-
Cappuccino	aa c'bc'b/c'bc'h ee G-/gg P-
Rust point	-- C- e'fe'f G- P-
Orange point	-- C- e'fe'f G- pp
Silver point	-- C- e'fe'f gg P-

Lista ei tunne erilaisia dilute-eläimiä, eikä listan genotyyppeihin ole merkitty D-lokusta. Tämä siitä syystä, että D-lokuksessa olevat resessiiviset d-geenit ovat vielä hyvin harvassa Suomessa. Kuitenkin ainakin seuraavia löytyy:

Blue	aa C- E- G- P- dd
Dilute agouti	A- C- E- G- P- dd
Dilute nutmeg	A- C- ee G- P- dd
Dilute grey agouti	A- C- E- gg P- dd

Muita meille vieraita värejä

Internetissä on aivan tavallista törmätä vieraisiin värinimityksiin, koska useissa maissa on käytössä omat nimityksensä väreille. Ajoittain voi tulla vastaan nimitykseltään aivan uusia värejä. Hyvinä esimerkkeinä käyköön sapphire (aa Cc'b E- G- pp) ja topaz (A- Cc'b E- G- pp). Kuten edellä olevasta listasta voidaan nähdä, nämä värit tunnetaan meillä dovena ja argente creamina, joskin yleisesti ottaen värivirheellisinä sellaisina. Suomessa on haluttu pitää tarkasti kiinni siitä, että jokaisen värin tulisi olla selvästi oma värinsä ja helposti (joskaan ei aina niin helposti) toisista väreistä erotettavissa. Esimerkiksi c'b alleelilla varustettu dove on yleensä tummempi kuin c'h alleelilla. Väri sijoittuisi siis doven ja lilacin välimaastoon. Joskus doven ja lilacin erottaminen voi olla vaikeaa, jokainen voi sitten vain arvella, että kuinka vaikeaa se olisi, jos välissä olisi vielä yksi väri. Samalla tapaa joissain maissa tehdään esim. smokeissa jako color point agoutiin (c'bc'b) ja light color point agoutiin (c'bc'h). Ero värien välillä ei kuitenkaan ole niin selvä, että näistä olisi Suomessa haluttu tehdä omat värinsä. Samaisesta syystä värit eivät pääse standardiväriksi helposti. Ensin halutaan nähdä miten se käyttäytyy kasvatettaessa, miten suuria eroja värin sisällä on, erottuuko se lopulta tarpeeksi selvästi muista väreistä jne.

Neljäs osa:
Degut ja harvinaiset hyppymyyrät

Degu *(Octodon degu)*

Degut ovat hauskoja otuksia, joilla on jo melko vankka jalansija Suomessa lemmikkinä. Kuitenkin tämä hurmaava, älykäs ja seurallinen eläin on useimmille täysin vieras. Degut ovat tulleet Eurooppaan 1970-luvulla koe-eläimiksi diabetes-tutkimuksiin, ja nykyiset lemmikkidegut ovat pääasiassa näiden eläinten jälkeläisiä. Nykyisin deguja löytyy jo useista eläinkaupoista ja aktiivisia harrastajia on jonkin verran. Suomen gerbiiliyhdistyksen degurekisteriin deguja kirjataan vuosittain n.20-50 eläintä, huippuvuosina jopa 70. Pitää muistaa etteivät läheskään kaikki eläimet koskaan päädy rekisteriin.

Degut oppivat tuntemaan hoitajansa ja ovat hyvin sosiaalisia. Ihminen voi saada deguista hyviä ystäviä, jotka viihtyvät sylissä ja kiipeilevät olkapäällä. Degu tarvitsee kuitenkin aina myös lajitoverin seuraa, jota ihminen ei koskaan voi korvata. Degut viihtyvät hyvin keskenään samaa sukupuolta olevien lajitoveriensa kanssa, eikä urosten ja naaraiden välillä käyttäytymisessä ole juurikaan eroa. Degut ovat puuhakkaita ja uteliaita ja siksi ne nauttivat suunnattomasti päästessään häkin ulkopuolelle jaloittelemaan ja tutkimaan ympäristöään.

Hyvin hoidettu, ja ennen kaikkea oikein ruokittu, degu on terve ja pitkäikäinen ystävä. Onkin tärkeää muistaa degun ostoa harkittaessa, että sitoutuu elävään eläimeen jopa kahdeksaksi tai kymmeneksi vuodeksi. Degut tarvitsevat myös paljon tilaa ja niiden älykkyys asettaa tiettyjä vaatimuksia omistajan suhteen. On jaksettava seurustel-

la degujen kanssa, ehdittävä toteuttaa niille aktiviteetteja ja juoksutusta.

Mitä degu tarvitsee?

Asumus

Suomen eläinsuojelulaki määrittelee degujen asumuksen minimikoon. Eläinsuojeluasetuksen mukaiset vähimmäisvaatimukset: pinta-ala 0,3 m2, korkeus 0,4 m ja pinta-ala ryhmässä pidettävää eläintä kohden 0,15 m2. Käytännössä pienin sallittu deguasumus olisi siis esimerkiksi 75cmx40cmx40cm. Tämä on kuitenkin todella pieni ja etenkin matala deguille.

Degun asumukseksi on olemassa kolme vaihtoehtoa: terraario, häkki ja näiden kahden yhdistelmä. Terraariota ei pidetä yksistään parhaana mahdollisena vaihtoehtona, koska se on harvoin tarpeeksi korkea ja siihen on vaikeaa järjestää tasoja ja riittävästi

kiipeilymahdollisuuksia. Degujen kodissa tärkeintä onkin juuri korkeus. Degut pitävät kiipeilystä ja tarvitsevat korkealta paikan, jolta tähystellä ympäristöä. Nämä tasot on myös mainittu eläinsuojelulaissa. Terraariossa hyvinä puolina ovat mm. se, että purut eivät päädy lattialle degun kaivellessa ja deguja on monen mielestä mukavampi seurata lasin kuin kalterien läpi. Muovinen terraario, esimerkiksi duna, ei sovi degujen asumukseksi. Sellainen on liian matala ja degut todennäköisesti pureksivat sen rikki.

Häkit ovat monien deguomistajien mielestä todella hyviä asumuksia deguille. Ne ovat kevyempiä kuin terraariot ja siksi helpompia puhdistaa. Häkistä purut lentävät degun kaivellessa helposti lattialle. Lisäksi monilla deguilla on paha tapa järjestää omistajilleen melkoisia konsertteja repimällä häkin pinnoja hampaillaan. Tästä "soittamisesta" lähtevä ääni voi häiritä sikeäunisemmankin ihmisen yörauhaa. Tästä syystä usein suositellaankin, että makuuhuoneeseen tulevat degut asuisivat terraariossa. Häkeissä on kuitenkin tarjolla paremmin korkeita vaihtoehtoja. Linnuille, chinchilloille ja rotille tarkoitetut häkit sopivat myös deguille. Häkin pinnaseinät tarjoavat itsessään jo kiipeilymahdollisuuden ja lisäksi häkkiin on helppoa kiinnittää tasoja.

Monien mielestä paras vaihtoehto on terraarion ja häkin yhdistelmä. Tällöin saa molempien hyvät puolet: degut voivat sekä kaivella että kiipeillä. Toki samalla saa myös yhdistelmän huonot puolet: terraarion paino ja häkin pinnojen pureskelu. Vaan kaikkein tärkeintä tietysti on, että degu saa itselleen parhaat mahdolliset olosuhteet.

Deguja varten kannattaa hankkia myös kuljetusboksi, jossa eläimiä voi viedä tarvittaessa eläinlääkäriin tai vaikka näyttelyyn. Boksia voi käyttää myös häkin siivouksen yhteydessä. Lisäksi kuljetusboksi on mitä mainioin kylpyastia, kun pohjalle laittaa pari senttiä kylpyhiekkaa.

Kuivikkeet

Paras kuivike deguille on kutteripuru. Se on halpaa ja kohtuullisen imukykyistä. Muita hyviä vaihtoehtoja ovat haapahake (hyvä eteenkin, jos omistajilla on allergiataipumusta) ja puu- tai paperipelletti. Enemmän kuivikevaihtoehdoista löytyy gerbiilien kuivikeosuudesta. Degut eivät kaivele samalla tavalla kuin gerbiilit, joten ne eivät tarvitse yhtä paksua kuivikekerrosta. Viiden sentin kerros kuiviketta on riittävä.

Ruokakuppi ja juomapullo

Degut tarvitsevat keraamisen tai metallisen ruokakupin. Juomapullo on hyvä kiinnittää häkin ulkopuolelle tai suojata metallitölkillä tai – verkolla. Degut ovat kovia nakertelemaan ja siksi häkin sisäpuolella olevat muovipullot tuhoutuvat useimmiten nopeasti. On olemassa myös lasisia juomapulloja, jotka ovat kestävämpiä. Jotkut degut ovat tosin erikoistuneet juomapullon metallisen suuosan tuhoamiseen, jossa tapauksessa lasipullokaan ei ratkaise ongelmaa. Jos mikään juomapullo ei tunnu degujen käytössä kestävän, on aina mahdollista käyttää vesikuppia. Vesi kuitenkin säilyy aina paremmin puhtaana pullossa, joten sitä kannattaa käyttää, jos se suinkin on mahdollista.

Pesäkoppi

Useimmat degut viihtyvät parhaiten korkealla häkissä, eivätkä niinkään välitä pesäkopeista. On kuitenkin hyvä tarjota deguille suojapaikka, johon vetäytyä omiin oloihinsa.

Virikkeet

Degut ovat hyvin älykkäitä ja puuhakkaita eläimiä ja siksi niille tulisi tarjota mahdollisimman paljon virikkeellistä tekemistä. Tärkeintä on, että deguilla on suuri häkki, jossa tarjolla runsaasti kiipeilymahdollisuuksia. Tämä voidaan toteuttaa erilaisilla tasoilla, oksilla, tikkailla, köysillä ja vaikkapa riippumatoilla.

Paljon hupia saa pahvilaatikoista, jotka täytetään heinällä. Pienempiä laatikoita revitään ja isompiin voi tehdä valmiiksi useita kulkuaukkoja, joista degu voi puikkelehtia sisään ja ulos. Degut tykkäävät kanniskella ympäriinsä erilaisia esineitä. Hyviksi ja hauskoiksi virikkeiksi on todettu mm. pienet puiset esineet, talouspaperin palat ja vessapaperirullan tyhjät hylsyt. Näiden kanniskelusta degut tuntuvat nauttivan erityisesti vapaana ollessaan. Degut nauttivat hiekassa kylpemisestä, joten kylpymahdollisuus tulisi tarjota säännöllisesti.

Deguille voi antaa juoksupyörän, mutta sen tulisi olla umpinainen, jotta häntä tai tassut eivät loukkaannu pinnojen väleissä. Etuosan tulisi olla avoin, ilman pinnoja, ja takaseinän umpinainen, jotta degu ei voi loukata itseään tai kaveriaan pinnojen väliin jäädessä. Degut harvoin jäävät koukkuun juoksupyörässä juoksemiseen, mutta tilannetta kannattaa kuitenkin seurailla. Jos degu tuntuu vain juoksevan pakkomielteisesti pyörässään, juoksupyörä kannattaa poistaa.

Mistä deguja saa?

Suomesta löytyy muutama Suomen Gerbiiliyhdistyksen hyväksymä degukasvattaja, joiden puoleen kannattaa kääntyä deguja hankkiessa. Näin saat varmasti eläimet, jotka ovat pienestä pitäen tottuneet käsittelyyn. Nykyisin deguja on saatavilla usein myös isoimmista eläinkaupoista. Joskus voit löytää degun lehden tai internetin myynti-ilmoituksen perusteella.

Degun valitseminen

Ostohetkellä sinun on hyvä kiinnittää huomiosi seuraaviin asioihin.
- Eläin on virkeä, eloisa ja utelias. Jos se sattuu nukkumaan, se on pirteä pian herättämisen jälkeen.

- Silmät ovat kirkkaat, eikä silmistä, kuonosta tai korvista näytä valuvan eritteitä.
- Eläimen vatsa on puhdas, ei ripulin tahrima.
- Eläimellä ei ole haavoja, eikä rupia.
- Turkissa ei näy loisia.
- Eläin on helposti käsiteltävissä.

Kannattaa muistaa, että jos yksi lauman eläimistä vaikuttaa sairaalta, muutkin voivat olla sairaita.

Sukupuolen tunnistaminen

Uroksen ja naaraan erottaa toisistaan sukupuolielimen ja peräaukon etäisyydestä. Uroksilla tuo väli on selvästi pidempi, naarailla tätä väliä ei juurikaan ole.

Ruokinta

Degujen kohdalla on äärimmäisen tärkeää noudattaa oikeaa ruokavaliota. Degut ovat herkkiä sairastumaan diabetekseen ja kärsivät helposti ylipainosta. Aikaisemmin deguille syötettiin samaa ruokaa kuin gerbiileille ja tällöin degut sairastivat usein kaihia ja kuolivat 3-4 vuotiaina. Nykyisen ruokintasuosituksen myötä degujen elinikää on saatu nostettua runsaasti, jopa 8-10 vuoteen.

Degujen perusruokaa on pellettiseos, josta 50 % on chinchillapellettiä ja 50 % on marsupellettiä. Tämän lisäksi aina tulisi olla tarjolla raikasta vettä ja kuivaa heinää. Deguille ei saa tarjota siemenseoksia. Deguja ei myöskään voi hemmotella erilaisilla herkuilla, joten ihmisen, jonka on vaikea hyväksyä tätä tosiasiaa, kannattaa harkita jonkin muun lemmikin hankkimista. Kuitenkin esim. kuivattu voikukka tai nokkonen monipuolistavat ruokintaa ja degut rakastavat sitä. Myös pellettimerkkejä vaihtelemalla voi tarjota deguille vaihtelua. Jokin pelletti voi olla suoranaista herkkua.

Käsittely

Degua nostetaan liu'uttamalla käsi edestäpäin degun alle. Degua voidaan myös nostaa kainaloista tukemalla toisella kädellä takapäätä. Degua ei missään nimessä saa nostaa eikä pitää kiinni hännästä. Häntä katkeaa helposti ja useimmat degut eivät pidä hännän koskettamisesta. Degua on tärkeää käsitellä säännöllisesti, jotta se pysyy kesynä ja helposti käsiteltävänä. Degut oppivat tuntemaan hoitajansa ja saattavat vierastaa outoa käsittelijää. Tästä syystä onkin tärkeää, että näyttelyssä käyvät degut tottuvat myös muihin ihmisiin.

Sairaudet

Degut ovat oikein ruokittuina erittäin terveitä eläimiä ja harvoin degun omistaja joutuu kääntymään eläinlääkärin puoleen. Kuitenkin samat perussairaudet ja tapaturmat kuin gerbiileillä voivat uhata myös degua. Kannattaa lukea gerbiilien sairauksista ainakin flunssa, ripuli ja tapaturmat. Lisäksi kannattaa tutustua tyzzeristä kertovaan kappaleeseen.

Seuraavassa terveen degun merkkejä, joita kannattaa tarkkailla. Kun tiedät miltä degusi näyttää terveenä, osaat kiinnittää huomiota muutoksiin, jotka saattavat olla merkkejä sairaudesta. Turkki on hyväkuntoinen ja siisti, eikä ole pörhöllään. Eläin on hyvässä massassa, eikä laihdu tai liho yllättäen. Hampaat kannattaa tarkistaa säännöllisesti, koska hammasongelmia esiintyy jonkin verran. Terveen degun silmien tulee olla kirkkaat ja korvien puhtaat. Kiinnitä huomiota myös ruokahaluun ja vedenkulutukseen, näissä tapahtuvat muutokset voivat viitata sairauteen. Degut ovat melko aktiivisia ja apaattisuus on aina hälyttävä merkki.

Häkin siivous

Degujen häkki siivotaan eläinmäärästä ja häkin koosta riippuen noin kerran viikossa tai kahdessa. Tässä yhteydessä on hyvä käydä läpi pahvilaatikot ja – putket, jos ne ovat kovasti virtsaiset, ne poistetaan. Samalla tarkistetaan puiset rakennelmat (mökit, sillat), mahdollisten törröttävien naulojen varalta. Terraarion seiniin voi joskus pinttyä ikävästi degun virtsaa. Tähän auttaa etikalla tai ruokasoodalla pesu.

Tutustuminen toiseen deguun

Degut on yleensä melko helppo tutustuttaa uusiin lajitovereihin. Helpoimmin uudet laumajäsenet hyväksytään, kun tulokkaat ovat mahdollisimman nuoria. Degujen totutuksessa tulisi käyttää ns. tutustumishäkkiä, jossa häkin tai terraarion sisälle asetetaan tiheäkalterinen pienempi häkki. Toinen degu laitetaan pienemmän häkin sisäpuolelle, toinen ulkopuolelle. Myös vierekkäisissä häkeissä degut pääsevät tutustumaan toisiinsa. Näin degut pääsevät haistelemaan toisiaan, mutta eivät voi olla vaaraksi toisilleen. Päivittäin degujen puolia vaihdellaan ja eläinten suhtautuessa toisiinsa rauhallisesti (kannattaa joka tapauksessa jatkaa tutustumista parin päivän ajan) voidaan päästää degut samaan tilaan. Kaikkein parasta on koettaa deguja yhteen ns. puolueettomalla maaperällä, paikassa, joka ei selvästi ole jommankumman reviiriä. Jos degut suhtautuvat toisiinsa varauksellisesti tai suorastaan aggressiivisesti, tulee ne erottaa toisistaan ja jatkaa tutustumista. Totutusprojekteissa kannattaa olla sitkeä ja muistaa, että se voi viedä aikaa. Yleensä degut kuitenkin hyväksyvät uudet ystävät jossain vaiheessa. Tästä poikkeuksena kuitenkin aikuiset urokset, jotka harvoin hyväksyvät vieraita aikuisia uroksia laumaansa.

Yksinäinen degu

Degut ovat hyvin sosiaalisia eläimiä ja siksi niillä tulisi aina olla kaveri. Kuitenkin jossain vaiheessa tulee jokaiselle vastaan tilanne, jossa eläin on yksin joko kumppanin kuoleman tai esimerkiksi eläinten tappelun vuoksi. Deguilla on todettu gerbiilejä voimakkaammin apaattisuutta ja stressiä kumppanin kuoleman jälkeen. Yksinäinen degu saattaa useita päiviä kutsua kaveriaan ja olla innoton. Ihanteellisinta tietysti olisi, jos degulle hankittaisiin uusi kaveri tai kaksi, mutta aina tämä ei ole mahdollista. Degut ovat hyvin pitkäikäisiä ja siitäkin syystä jokaisen degun hankintaa tulisi miettiä perusteellisesti. Jos otat nyt kaksi nuorta degua, ne saattavat olla seuranasi vielä 8 vuoden kuluttua. Jos päädyt pitämään degua yksinään, tulisi sille tarjota mahdollisimman paljon virikkeitä ja seuraa, vaikkei ihminen tietysti degukaveria pystykään korvaamaan.

Degujen ääntely

Yksi degujen ominaisimmista piirteistä on niiden hyvin värikäs ääntely. Yksinäiset degut ovat usein melko hiljaisia, mutta seurassa juttua riittää. Äänikapasiteettia riittää hiljaisesta, nauiskelevasta kujerruksesta, komentelevaan kiljumiseen ja pelästystä ilmaisevaan kimeään sirkutukseen. Omat deguni mm. ilmoittavat juomapullon tyhjentymisestä kovalla ja kimeällä äänellä.

Degujen värit

Pitkään deguilla tunnettiin vain yksi värimuunnos, agouti. Tällä hetkellä Suomeen on tullut jo valkomerkkisiä deguja (valkoisia länttejä agoutivärin seassa) ja "sinisiä" deguja, joilta puuttuu agouti värin punaisuus. Nämä muun kuin agoutin väriset degut ovat kuitenkin vielä hyvin harvinaisia.

Harrastaminen degujen kanssa

Degut kuuluvat Suomessa Suomen Gerbiiliyhdistys ry:n alaisuuteen. Yhdistyksen nettisivut löytyvät osoitteesta: www.gerbiiliyhdistys.fi. Gerbiiliyhdistys julkaisee neljä kertaa vuodessa lehteä, jossa julkaistaan myös degu-juttuja. Lisäksi järjestetään näyttelyitä ja degupäiviä, joilla harrastajat vaihtavat kokemuksiaan ja keskustelevat

alle 6kk eläimet osallistuvat juniorluokkaan. Tätä vanhemmat avoimeen luokkaan, kunnes yli 4v eläimet siirtyvät veteraaniluokkaan. Näyttelyistä ja rekisteröinnistä kerrotaan enemmän gerbiiliosiossa.

Degut saavat poikasia

Degun poikaset ovat suloisia pikku karvapalloja ja on ymmärrettävää, että moni deguihin ihastunut tahtoisikin teettää deguillaan poikaset ja seurata niiden kehitystä aivan alusta asti. Poikasten saaminen ei kuitenkaan ole koskaan täysin riskitöntä ja pienille deguvauvoilla voi olla vaikea löytää uusia koteja niin hurmaavia kuin ne ovatkin. Siksi kannattaakin harkita tarkkaan miksi haluaa deguillaan poikasia teettää.

deguasioista.

Näyttelyissä deguille on viralliset ja pet- eli lemmikkiluokat. Virallisessa luokassa eläintä verrataan rotumääritelmään lemmikkiominaisuuksien lisäksi. Pet-luokissa painotus on käsiteltävyydessä, terveydessä ja luonteessa. Viralliseen luokkaan osallistuvan degun on oltava rekisteröity. Degujen alaikäraja näyttelyyn on 3kk. Yli 3kk, mutta

Deguilla esiintyy jonkin verran ongelmia kantoaikana ja synnytyksissä: raskausmyrkytyksiä, synnytysvaikeuksia ja hyperkalsemiaa (liian korkea veren kalsiumpitoisuus). Suurin osa raskauksista ja synnytyksistä sujuu ongelmitta, mutta poikasten teetttäminen on aina riski naaraalle ja myös poikasille.

Degut ovat selvästi vaativampia eläimiä kuin useimmat muut jyrsijät (elinikä, tilavaatimukset, älykkyys). Tästä syystä deguja ei myöskään oteta lemmikiksi niin usein kuin esimerkiksi gerbiilejä tai hamstereita. Siksi uusien kotien löytäminen poikasille voi olla haastavaa. Ei kannata teettää poikasia vain siksi, että ne ovat söpöjä ja ajatella vievänsä poikaset eläinkauppaan. Läheskään kaikki eläinkaupat eivät ota deguja.

Degunaaras saattaa olla sukukypsä jo 45 vuorokauden ikäisenä, yleensä 6kk iässä. Ensimmäiset poikaset tulisi teettää kuitenkin vasta naaraan saavutettua vuoden iän. Näin taataan naaraalle mahdollisuus kasvaa rauhassa ja saavuttaa parhaat mahdolliset valmiudet kanto- ja imetysaikaan. Uroksen kohdalla tällaisia ikärajoja ei ole, mutta yleisesti pidetään hyvänä, että uroskin ehti-

si kasvaa täysikokoiseksi eli vuoden ikään asti. Kaikkein tärkeintä on, että kasvatukseen käytettävät degut ovat terveitä ja hyväluonteisia sekä kehittyneet normaalisti. Jos suunnittelet kasvattavasi eläimiä näyttelyihin, kannattaa kiinnittää huomiota myös väriin ja tyyppiin. Poikueen vanhemmilla ei saisi olla samoja vikoja tai puutteita näissä asioissa.

Poikaset saavat alkunsa joko, kun uros ja naaras asuvat yhdessä tai naaras astutetaan päästämällä uros ja naaras naaraan kiiman aikaan yhteen. Jälkimmäinen ratkaisu on parempi, jos molemmat eläimet asuvat valmiiksi laumoissa. Näin valmiita laumoja ei tarvitse erottaa poikasten vuoksi. Urosta ja naarasta joutuu luultavasti joka tapauksessa totuttamaan toisiinsa tutustumisverkon avulla. Tämä tapahtuu siis käytännössä niin, että terraarioon tai häkkiin viritetään verkko keskelle, jolloin muodostuu kummallekin omat puolet. Näin eläimet pääsevät haistelemaan, mutta eivät voi loukata

toisiaan. Toinen vaihtoehto on käyttää pienempää häkkiä, joka mahtuu häkin tai terraarion sisälle. Tällöin toinen degu päästetään pienen häkin sisälle, toinen ulkopuolelle. Kannattaa olla erityisen tarkka, että pinnavälit ovat tarpeeksi pieniä. Isoissa raoissa on puremisriski. Myös vierekkäisistä häkeistä haistelu onnistuu hyvin.

Degunaaraan kiiman pitäisi olla nähtävissä selvästi vilkaistessa hännänalle. Sukupuolielimet ovat vähän turvonneen näköiset ja hieman auki. Toisilleen tuntemattomat degut tappelevat herkästi, mutta naaraan ollessa kiimassa uros ja naaras tulevat yleensä hyvin toimeen. Uros ja naaras haistelevat toisiaan tarkkaan ennen parittelua. Usein samaan aikaan degut ääntelevät toisilleen. Uros heiluttaa häntäänsä kiivaasti puolelta toiselle ja astuu naaraan. Astuminen kestää vain hetken, mutta toistuu useita kertoja lyhyen ajan sisällä. Uroksen ja naaraan kannattaa antaa olla yhdessä mahdollisimman pitkään, koska useilla astumisilla varmistetaan kantavaksi tulemisen todennäköisyyttä. Uroksen ja naaraan voi jättää astumisen jälkeen toistensa seuraan, mutta jos niillä on oma laumansa jo olemassa, kannattaa ne palauttaa vanhojen kaverien seuraan. Naaras hyväksytään yleensä ilman ongelmia, urosta saattaa joutua hetken totuttamaan takaisin laumaan.

Naaraasta kannattaa pitää erityisen hyvää huolta raskausaikana. Raskaus, synnytys ja imetys rasittavat naarasta

paljon. Siksi sille tulisikin tarjota lisäkalkkia ja ruokaa tulee olla jatkuvasti saatavilla. Lisäksi voi tarjota alfalfa-heinää, koska se sisältää paljon vitamiineja, kalsiumia ja proteiinia.

Poikasia syntyy keskimäärin 3-6. Degujen kantoaika on muihin jyrsijöihin verraten pitkä. Naaras kantaa poikasiaan noin 3kk (87-93 vuorokautta). Poikaset syntyvät paljon kehittyneempinä kuin esimerkiksi gerbiilin tai hiiren poikaset. Niillä on valmis karvapeite, usein silmät auki ja pian ne liikkuvat jo häkissä. Viimeistään kolmen päivän kuluttua syntymästä poikasten silmät aukeavat. Vaikka degun poikaset ovatkin melko valmiita syntyessään, ne tarvitsevat pitkään emoaan. Emo imettää poikasia neljisen viikkoa ja uuteen kotiin degut ovat valmiita lähtemään vasta 8 viikkoisina. Degut voi vieroittaa emostaan kuuden viikon ikäisinä. Tällöin voi urokset erottaa naaraista, mutta kuitenkin viimeistään 8 viikon iässä. Kiinteän ruuan maistelun degulapset aloittavat jo alle viikon iässä.

Harvinaiset hyppymyyrät

Viime vuosina on Suomeen saapunut lemmikiksi jo useita gerbiilin sukulaisia, joita gerbiiliyhdistyksen piirissä kutsutaan yleisesti nimityksellä harvinaiset hyppymyyrät. Lajeja on jo melko paljon, joista osa on ollut lemmikkinä jo aika pitkäänkin, esim. perpallidus. Toisia on ollut jonain vuosina jonkin verran kuten shaweja ja crassuksia, mutta jotka ovat sitten hävinneet. Lisäksi on ns. uusia lajeja, kuten bushy-tailed jirdit ja lajeja, joita tiettävästi on Suomessa ollut vain muutamia kappaleita kuten pienet egyptingerbiilit sekä negevin jirdit.

Näistä lajeista on varsin vähän tietoa tarjolla ja suomeksi vielä vähemmän. Uutta tietoa tulee jatkuvasti ja mm. suomenkieliset nimitykset saattavat vielä vaihtua useita kertoja. Tässä kirjassa onkin kerrottu laajemmin lajeista, joista Suomessa on jo jonkin verran kokemusta ja näin pystytään antamaan edes jonkinlaista todellista tietoa näiden lajien tarpeista ja asiallisesta hoidosta. Lajien saatavuus voi vaihdella vuosittain hyvin paljon ja kiinnostavasta lajista kannattaakin kysellä gerbiiliyhdistykseltä tai aktiiviselta keskustelufoorumilta www. gerbiili.info. Kannattaa myös muistaa, että hyvin harvat ihmiset pystyvät erottamaan eri lajit toisistaan. Eläinkaupoissa eläi-

miä myydään yleensä sillä nimellä millä ne jostain tukusta tulevat. Näin mm. perpalliduksia on myyty eläinkaupoissa kalpeagerbiileinä, egyptingerbiileinä ja pieninä egyptingerbiileinä. Jos siis tahdot nimenomaan jonkin tietyn lajin, kannattaa varmistua, että sen todella myös saat.

Tässä kirjassa olevat tekstit harvinaisista hyppymyyristä ovat melko suppeita, mutta monet gerbiileistä kirjoitetut asiat sopivat näihinkin eläimiin. Olenkin pyrkinyt erityisesti tuomaan esiin tiedossa olevia eroavaisuuksia.

Gerbiilit, degut ja harvinaiset hyppymyyrät kuuluvat Suomen Gerbiiliyhdistys ry:een. Gerbiiliosiossa on kattavasti tietoa yhdistyksestä ja näyttelyistä, joita näille eläimille järjestetään. Kannattaa tutustua myös nettifoorumiin, jonka kautta voi löytää monia lajin harrastajia ja jakaa kokemuksia.

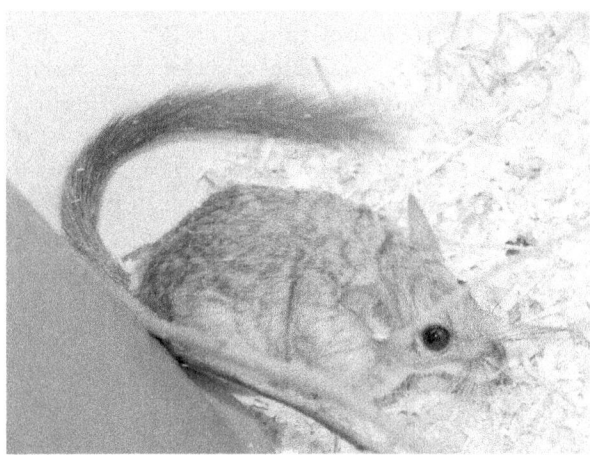

Bushy tailed jidit
(Sekeetamys calurus)

Bushy tailed jirdit ovat melko uusia tulokkaita lemmikkeinä Suomessa, mutta ne ovat vallanneet jo useita sydämiä. Eikä ihme, bushy tailedet ovat vilkkaita, puuhakkaita ja hyvin kauniita. Moni jyrsijöitä muuten kauhistelevakin ihastuu bushy tailedien suuriin tummiin silmiin ja paksuun pörröiseen häntään. Bushy tailed jirdit ovat kuitenkin melko vaativia eläimiä ja aktiivisimmillaan yöaikaan, eivätkä tästä syystä sovellu kaikkein pienimmille lemmikin omistajille.

Koska bushy tailed jirdit ovat olleet lemmikkinä niin lyhyen ajan, niistä on saatavilla varsin vähän tietoa. Bushy tailedeista käytetään usein nimityksiä tuuheahäntä jirdi ja tuttavallisesti puskahäntä. Varsinaista vakiintunutta suomenkielistä nimitystä lajilla ei ole, useimmat käyttävät juuri tätä puskahäntä-nimitystä.

Bushy tailed on laumaeläin ja siksi niitä tulisikin olla aina vähintään kaksi. Ihminen ei koskaan voi tarjota eläimelle sitä minkä lajitoveri voi. Koska bushy tailed jirdille on yleensä helppo totuttaa uusia lajitovereita, ei tämänkään pitäisi olla esteenä kaverin järjestämiselle. Bushy tailed jirdit elävät n. 3-5 vuotta. Bushy tailedien värityksestä käytetään nimitystä agouti. Lisäksi löytyy jonkin verran eläimiä, joilla on valkoinen hännänpää (tail-spotted).

Mitä bushy tailed jirdi tarvitsee?

Tärkein bushy tailed jirdin varuste on riittävän iso terraario. Bushy-taidedit ovat erittäin aktiivisia ja vauhdikkaita. Terraarion tulisi olla tilavuudeltaan ainakin 200l, jossa paljon pohjapinta-alaa juoksemiselle ja hypyille, mutta toisaalta myös korkeutta, johon rakentaa erilaisia kiipeilymahdollisuuksia. Bushy tailedet rakastavat kiipeilyä ja korkeita paikkoja, jossa istua esimerkiksi oksan päällä ja tarkkailla ympäristöään. Yleensä bushy tailed ei kylläkään viihdy pitkään samassa paikassa, niin vilkkaita liikkujia ne ovat.

Paras kuivike on kutterinpuru, jota tulisi olla runsaasti, koska bushy tailedet pitävät myös kaivelusta. Myös haapahake käy kuivikkeeksi, jos perheessä on allergiataipumusta tai muuten halutaan välttää kovemmin pölyävää kuiviketta. Lisäksi on hyvä tarjota pesäntekotarpeiksi wc-paperia tai heinää.

Terraariossa tulee luonnollisesti olla myös ruokakuppi ja juomapullo. Ruokakupin tulisi olla keraaminen, koska muovisen bushy tailedit nakertelevat äkkiä piloille ja lisäksi keraaminen pysyy paremmin pystyssä.

Bushy tailedet tarvitsevat erilaisia piilopaikkoja, joita voivat olla esimerkiksi pesäkopit, kukkaruukut, pahvilaatikot, erilaiset keraamiset pesät, joita saa eläinkaupoista jne. Vähintäänkin yhtä tärkeitä ovat siis erilaiset kiipeilypaikat, tasot, oksat, köydet jne. Näistä bushy tailedet saavat virikettä pitkäksi aikaa.

Virikkeet

Bushy tailedin tärkein virike on suuri, oikein sisustettu terraario, jossa mennä ja mesota lajitoverin kanssa. Paksu purukerros, jossa kaivella sekä erilaiset kiipeilymahdollisuudet pitävät bushy tailed jirdit aktiivisina. Lisäksi bushy tailedeille voi tarjota erilaisia pahvilaatikoita sellaisenaan tai täynnä heinää tai vessapaperia. Joukkoon voi kätkeä vaikka muutaman herkunkin. Eläinkaupoista löytyy erilaisia puusiltoja, puuhanurkkia, mökkejä ja tikkaita, joita voi antaa bushy tailedeillekin. Oksia ja käpyjä voi tarjota nakerreltavaksi. Oksat ja kävyt olisi hyvä kuumentaa uunissa, jotta mahdolliset ulkoloiset kuolevat. Bushy tailedit pitävät hiekassa kylpemisestä ja siksi niille tulisikin tarjota mahdollisuus kylpyhetkiin säännöllisesti. Kylpeminen järjestetään asettamalla keraaminen, laakea astia, jonka pohjalla on hiekkaa, terraarioon joksikin aikaa. Säännöllisesti astiaa ei kannata terraariossa pitää, koska bushy tailedit luultavimmin käyttävät sitä silloin vain vessana tai täyttävät astian puruilla. Kylpyhetken voi järjestää myös laittamalla hiekkaa kuljetusboksin pohjalle ja nostamalla eläimen boksiin kylpemään. Kylpyhiekaksi soveltuu eläinkaupoista saatava chinchillan kylpyhiekka.

Ruokinta

Bushy tailed jirdit syövät pääasiassa samaa ruokaa kuin gerbiilit. Pääasiallista ravintoa ovat hyvä siemenseos (gerbiileille tai hamstereille tarkoitettu) tai rotta-hiiripelletti ja raikas vesi. Lisäksi voidaan tarjota erilaisia tuoreruokia: hedelmiä, vihanneksia, puuroja, makaronia jne. Bushy tailedit tarvitsevat ilmeisesti jonkin verran enemmän proteiinia kuin gerbiiliserkkunsa, joten niille tulisi tarjota säännöllisesti esimerkiksi koiran tai kissan kuivaruokaa, ruskistettua tai kuivattua jauhelihaa tai jauhomatoja.

Käyttäytyminen ja käsittely

Bushy tailed jirdit ovat äärimmäisen vilkkaita eläimiä ja niitä voikin sen vuoksi olla vaikea käsitellä. Bushy tailedit ovat yleensä erittäin kilttejä ihmisille, eivätkä pure. Kuitenkin eläimiä käsitellessä tulee olla hyvin varovainen, koska bushy tailed voi tehdä yllättäen loikan korkealtakin alas. Ihmisiin tottunut bushy tailed tykkää kiipeillä omistajansa vaatteissa, olkapäillä ja jopa pään päällä. Tähän kuitenkin sisältyy riskinsä, koska bushy tailedit eivät tunnut ymmärtävän (tai välittävän) korkeuksia. Korkealta tippuva bushy tailed voi loukata itsensä pahasti.

Bushy tailed jirdit ovat erittäin vilkkaita myös terraariossa ja niiden puuhia on todella mukava seurailla. Bushy tailedit ovat kuitenkin selvästi hämäräaktiivisia, joten touhuaminen alkaa vasta ilta-aikaan. Luonteeltaan bushy tailedit ovat kuitenkin uteliaita, ja jos niitä ruokkii päiväaikaan, ovat eläimet yleensä heti katsomassa mitä terraariossa rapistellaan.

Tutustuminen toiseen bushy tailediin

Bushy tailedit hyväksyvät helposti uudet kumppanit. Silti totutuksessa kannattaa pelata varman päälle ja pitää eläimiä joitakin päiviä "tutustumishäkissä", jossa joko terraario jaetaan kahtia verkon avulla tai terraarioon asetetaan pieni häkki ja toinen eläimistä asutetaan häkin sisäpuolelle, toinen ulkopuolelle. Näin eläimet pääsevät tutustumaan toisiinsa haistelemalla, mutta eivät voi satuttaa toisiaan.

Bushy tailedit saavat poikasia

Bushy tailedit ovat lisääntymiskykyisiä 3 kuukauden iässä. Naaraan kannattaa kuitenkin antaa kasvaa ja kehittyä 4-5 kuukauden ikään asti ennen ensimmäistä poikuetta. Bushy tailedit lisääntyvät tiettävästi lemmikkeinä hyvin, mutta kokemukset ovat vasta hyvin vähäisiä. Emolla voi ensimmäisen poikueen kanssa olla vaikeuksia: Voi olla, että maitoa ei tule tai emo hylkää poikaset. Bushy tailed jird naaraat voivat myös kärsiä stressistä ja syödä poikaset. Jos naaraalle annetaan pesärauha ja tarjotaan tarpeeksi monipuolista ravintoa, tätä ongelmaa ei yleensä ole.

Bushy tailed kantaa poikasia noin kolme viikkoa. Poikasia syntyy yleensä 3-4, mutta isommatkaan poikueet eivät ole tavattomia. Bushy tailedit ovat luovutusiässä 8 viikon ikäisinä.

Oma kokemus

Bushy tailed jirdit Osma ja Elli

Olin pitkään pohtinut degujen ostoa, kun eräs ystäväni toi Suomeen pariskunnan bushy tailedeita. Ne kuulostivat niin ihastuttavan hurmaavilta eläimiltä, että kävin mielessäni pitkällisen pohdinnan, ottaako puskahäntiä vai deguja? Lopulta en osannut valita ja meille muutti molempia. Muuttaneet puskahännät olivat tuontipariskunnan naaras Osama ja tämän Suomessa syntynyt tytär Lustrum Elmeri. Ne lumosivat minut täysin jo ensimmäisenä iltana uudessa kodissaan. Osma ja Elli olivat rohkeita, vikkeliä ja ketteriä kavereita, joiden puuhia seurasin suurin piirtein nenä kiinni lasissa iltasella. Useamman kerran huokasin ääneen, etten ollut koskaan nähnyt niin kauniita jyrsijöitä kuin nämä.

Jos bushy tailedeilta jotain voisi vielä toivoa lisää, se olisi käsiteltävyys. Bushy tailedit ovat kyllä kilttejä, mutta niin vikkeliä ja vilkkaita, että niiden käsittely on haaste. Näyttelyihin en ole puskieni kanssa pahemmin uskaltautunut juuri niiden arvaamattomuuden vuoksi. Osman ollessa parivuotias olin jo aivan varma, että se oli iän myötä rauhoittunut ja "ihan mukava käsitellä". Vaan mitenkäs kävi esitellessäni ihanaa eläintä siskontytölle? Puskaneiti otti pyrähdyksen ja sinkosi itsensä kaaressa suoraan lattialle. Sen jälkeen en ole bushy tailedien vilkkautta aliarvioinut. Tästäkin huolimatta nämä eläimet ovat vieneet sydämeni täysin.

Yksi ihastuttava piirre bushy tailedeissa on se, että ne todellakin tunkevat katsomaan mitä tapahtuu, jos terraarioon laittaa ruokaa tai puuhailee muuta niiden lähellä. Kissaa ne ovat härnänneet useamman kerran istumalla aivan kaikessa rauhassa terraarion etuosassa pesemässä itseään, eikä ilmekään värähdä, jos kissa vähän läpsii lasia tassullaan. Joskus tulee väkisinkin mieleen kysymys miten laji, jolla ei näyttäisi olevan itsesuojeluvaistoa nimeksikään, voi pärjätä luonnossa? Vaan tietysti luonnonvarainen eläin on eri asia kuin lemmikki.

Meillä puskahännät eivät ole juurikaan aiheuttaneet kommelluksia, mutta monessa muussa kodissa ne ovat osoittaneet olevansa melkoisia karkulaisia. Bushy tailedien terraariota valitessa kannattaakin kiinnittää huomiota siihen, että se on mahdollisim-man karkuvarma; omille teilleen lähtenyttä bushy tailedia vaanii kotona moni vaara.

Crassukset *(Meriones Crassus)*

Crassuksien, joita kutsutaan joskus myös nimillä sundevallin jirdi, jerusalemin jirdi, silky jird ja gentle jird, hoito muistuttaa monella tavalla gerbiilien hoitoa. Muiden harvinaisten hyppymyyrien tapaan silläkin on omat erikoistarpeensa ja omat haasteensa. Crassukset saapuivat Suomeen 1990-luvun lopulla ja muutamien vuosien ajan olivat hyvin suosittuja harvinaista hyppymyyristä. Erityisvaatimustensa vuoksi siitä ei kuitenkaan koskaan tullut suuren joukon lemmikkiä, vaan crassuksilla oli oma pieni ystäväjoukkonsa. Vuosina 1998–2005 Suomen Gerbiiliyhdistys ry:n rekisteriin rekisteröitiin vähän yli 60 crassusta.

Koska crassuksia on ollut lemmikkinä vasta varsin vähän aikaa, on niistä saatavilla hyvin vähän tietoa. Mm. tiedot crassusten viihtymisestä lajitoveriensa kanssa ovat ristiriitaisia. Yleisesti uskotaan, että crassus on laumaeläin, kuten useimmat meriones-lajit. Ristiriitoja kuitenkin esiintyy eteenkin naaraslaumoissa paljon. Tämä saattaa tosin ainakin osittain selittyä liian pienillä terraarioilla, crassukset kun tuntuvat stressaantuvan tilanpuutteesta todella paljon.

Crassukset elävät n. 3-4 vuotta. Crassusten värityksestä käytetään nimitystä black eyed honey. Crassus menee jonkin verran sekaisin shawin kanssa ja joskus eläinkaupoissa on nähty crassuksia myytävänä shaweina ja toisinpäin. Lajit eroavat kuitenkin selvästi toisistaan ruumiin-muodoltaan (shawi enemmän ison gerbiilin näköinen, crassus pisaranmallinen leveä takaruumis, suippo kuono) ja väritykseltään (shawit selvästi agouteja, crassukset vaaleampia). Shawi ja crassus ovat kuitenkin niin läheistä sukua keskenään, että voivat saada yhdessä poikasia. Poikaset ovat kuitenkin lisääntymiskyvyttömiä hybridejä. Tällaisten risteytysten tekemistä tulisi aina välttää, koska lajien ominaisuudet ovat hyvin erilaiset ja risteytykset tuskin ovat kenenkään edun mukaisia.

Mitä crassus tarvitsee?

Kaikkein tärkeintä on, että crassuksilla on riittävän iso terraario. Liian pienissä tiloissa crassukset stressaantuvat, minkä huomaa helposti: Crassuksilla esiintyy stressikäyttäytymistä, jossa ne juoksevat terraarion seinänvierta edestakaisin ja saattavat neuroottisesti hyppiä ylöspäin lasin vieressä. Terraarion minimimitat kokemuksen mukaan ovat 100*50*50cm eli terraarioksi sopii n. 250l lasi- tai muoviterraario. Terraariossa olisi hyvä olla jonkin verran korkeutta, jotta crassukselle voidaan tarjota riittävän paksu kerros puruja. Tilan lisäksi crassuksille on hyvin tärkeää tunneleiden teko ja puruissa kaivelu. Crassukset ovat melko kömpelöitä otuksia, joten kiipeämisestä ne eivät niinkään välitä.

Crassuksille paras kuivike on kutteripuru, johon on sekoitettu esim. heinää, ekokuitua tai wc- tai talouspaperisilppua vahvistamassa kaivettuja tunneleita. Lisäksi terraariossa tulee olla juomapullo, keraaminen ruokakuppi sekä erilaisia piilopaikkoja, kuten pesämökkejä, kukkaruukkuja jne. Crassuksen turkki rasvoittuu helposti ja sille tulisikin tarjota mahdollisuus säännöllisiin hiekkakylpyihin. Eläinkaupoista saatavaa chinchillan kylpyhiekkaa laitetaan laakeaan astiaan ja astia asetetaan säännöllisesti terraarioon joksikin aikaa, jolloin eläin voi halutessaan kylpeä hiekassa.

Virikkeiksi crassukselle voi tarjota paljon erilaista nakerrettavaa. Erilaiset pahvilaatikot tarjoavat sekä piilopaikkoja, että töitä hampaille. Laatikoiden huvitusarvoa on helppo lisätä täyttämällä laatikot heinällä tai wc-paperilla. Sekaan voi ujuttaa vaikka muutaman herkun ja crassuksen nakerrustyö tulee palkituksi.

Ruokinta

Crassukset syövät hyvin samanlaista ruokaa kuin gerbiilit. Perusruokana toimii hyvälaatuinen gerbiilin tai hamsterin siemenseos tai hiiri-rottapelletti ja vesi. Crassukset ovat taipuvaisia lihomaan, joten siemenseoksessa ei saisi olla runsaasti auringonkukansiemeniä tai pähkinöitä, jotka ovat hyvin rasvaisia herkkuja. Lisäksi crassuksille tulisi tarjota tuoreruokia säännöllisesti. Hedelmät, vihannekset ja marjat sekä makaroonit, puurot ja lastenruuat ovat hyviä lisäkkeitä crassuksen ruokavalioon. Silloin tällöin on hyvä lisätä ruokaan muutama kissan tai koiran kuivaruokanappula, jotta crassukset saisivat myös eläinproteiinia. Myös jauhomadot käyvät tähän tarkoitukseen.

Käyttäytyminen ja käsittely

Hyvinvoiva crassus on kaikin puolin rauhallinen otus. Se puuhailee terraariossaan yleensä melko verkkaisesti ja haistelee kädellä rauhallisesti ympäristöään. Crassus on pääasiassa hämäräaktiivinen eli heräilee puuhailemaan vasta ilta-aikaan. Stressaantunut crassus säntäilee terraariossa edestakaisin seinänvierttä pitkin ja pomppii liki holtittoman näköisesti. Pelokasta ja stressaantunutta crassusta voi olla myös vaikea käsitellä.

Crassusta ei koskaan saisi nostaa hännästä. Se on aivan liian ohut ja heikko crassuksen massaan nähden. Kädet tulisikin ujuttaa crassuksen alle ja nostaa eläintä tällä tavoin. Käsittelyyn tottunut eläin yleensä pysyy kädellä hyvin ja tutkailee rauhallisesti maailmaa nuuhkien ympäristöään. Stressiherkkä crassus saattaa jännittää vieraiden ihmisten käsittelyä niin, että omistajansa kädellä hyvin viihtyvä eläin voikin olla vieraalle aivan kuin toinen eläin, levoton ja vilkas.

Tutustuminen toiseen crassukseen

Crassusten totuttaminen toisiinsa voi olla hyvinkin hankalaa ja haastavaa, mutta sitä kannattaa aina yrittää. Tutustumisessa käytetään totutushäkkiä, jossa joko jaetaan terraario verkolla kahteen osaan tai terraarioon asetetaan pieni häkki. Tällöin toinen eläin asetetaan häkin sisälle, toinen ulkopuolelle. Eläinten puolia vaihdellaan päivittäin, jotta hajut sekoittuvat. Tulee muistaa, että crassusten totuttamiseen voi todellakin mennä aikaa monta viikkoa, joten totuttamiseen tarvitaan runsaasti kärsivällisyyttä. Pitää muistaa, että kiirehtimällä luultavasti vain vaikeutat tilannetta. Jos eläimet pääsevät tappelemaan, ne suhtautuvat toisiinsa entistäkin varautuneemmin.

Crassukset saavat poikasia

Crassusten lisääntyminen ei ole täysin ongelmatonta. Naaraat saattavat suhtautua uroksiin hyvin varautuneesti, pahimmassa tapauksessa jopa aggressiivisesti. Lisäksi joskus naaras ei pitkästäkään yrityksestä huolimatta tule kantavaksi. Crassuksen kantoaika on 22–24 päivää ja poikasia syntyy yleensä 1-5, mutta myös isommat poikueet ovat mahdollisia. Poikaset alkavat maistella kiinteitä ruokia samoihin aikoihin, kun silmät aukeavat noin 16 päivän iässä. Poikaset ovat luovutusiässä 6-8 viikon ikäisinä.

Oma kokemus

Crassukset: Ressu, Kaima ja Pallo

Ensimmäinen crassukseni tuli meille puolivahingossa. Törmäsin näihin ihastuttaviin jyrsijöihin kaverini luona ja hänellä sattui olemaan yksi myytävänä oleva uros, joka muutti meille liki saman tien. Ressu olikin ensi kosketukseni crassuksiin ja teki minuun lähtemättömän vaikutuksen. Luulen, että osa crassuksen lumosta oli siinä, etteivät ne olleet kaikkein helpoimpia eläimiä. Sain olla osana ratkaisemassa crassusten ongelmia.

Crassuksista näki poikkeuksellisen voimakkaasti stressaantumisen vankeudessa ja alun perin mietin, että ovatko ne lemmikiksi sopivia ollenkaan. Oli surullisen näköistä, kun crassus juoksi edes takaisin pitkin terraarion etuseinää ja pomppi hallitsemattoman näköisesti ylös alas. Ongelmaa mietittyäni keksin muuttaa Ressun isompaan terraarioon, johon sai paksun kerroksen puruja ja sotkin vielä sekaan ekokuitua, joka piti tunnelit koossa. Ressua ei ollut tämän jälkeen tunnistaa samaksi crassukseksi. Häiriökäyttäytyminen jäi pois kuin taikaiskusta ja Ressu kaiveli valtavan tunneliverkoston puruihin. Siellä oli crassuksen selvästi hyvä elellä.

Crassusten hyvä luonne miellytti tietysti alusta alkaen. Ne makoilivat kädellä rauhallisesti ja liikkuminen oli liki verkkaista. Crassuihin ihastuttuani heräsi halu kasvattaa näitä ja hankinkin pian crassus tytön Lazatz Kaimilukin. Tämä eli Ressun kanssa sulassa sovussa söpönä parina aina Ressun kuolemaan saakka, mutta poikasia ne eivät koskaan saaneet. Ehkä hyväkin niin, sillä ehdin monta kertaa pohtia, että miten ihmeessä saisin poikasten ostajat vakuutettua crassusten tilantarpeesta. Crassus ei ole kovinkaan paljon gerbiiliä isompi, mutta tarvitsee siis todella paljon enemmän tilaa.

Duprasit *(Pachyuromys duprasi)*

Duprasit ovat gerbiilin sukulaisista erikoisimmasta päästä. Ne muistuttavat ulkonäöllisesti enemmän kääpiöhamsteria kuin gerbiiliä, mutta niillä on lyhyt, pesäpallomailan mallinen, ohuen karvan peittämä häntä. Häntään varastoituu rasvaa ja terveellä aikuisella eläimellä pamppumainen häntä onkin pehmeä ja paksu. Duprasista käytetään myös nimeä rasvahäntä gerbiili.

Ensimmäiset duprasit on rekisteröity Suomen Gerbiiliyhdistyksen rekisteriin vuonna 1998. Tämän jälkeen niitä onkin tullut rekisteriin 2008 mennessä vähän alle 80 eläintä. Dupraseista on saatavilla vasta varsin vähän tietoa, mutta duprasit ovat onneksi niin omanlaisiaan otuksia, etteivät mene muiden hyppymyyrien kanssa sekaisin. Duprasin tunnistaa helposti. Duprasit poikkeavat muista hyppymyyristä myös sillä, että ne tulevat hyvin toimeen yksinään.

Muuten duprasin hoito muistuttaa hyvin paljon gerbiilien hoitoa. Duprasit elävät keskimäärin noin 3-5 vuotta. Niiden värimuunnosta kutsutaan black eyed honeyksi.

Mitä duprasi tarvitsee?

Duprasille paras mahdollinen asumus on terraario. Koko pitäisi olla vähintään 60cm*30cm*30cm. Duprasit ovat liikkeissään melko verkkaisia ja kömpelöitä, joten ne eivät tarvitse tilaa niin paljon kuin useimmat hyppymyyrät. Ennen kaikkea duprasit eivät välitä kiipeilystä.

Duprasien aktiivisuudessa on ilmeisimminkin suuria vaihteluja. Toiset kaivelevat paljon, toiset eivät juuri ollenkaan, toiset eivät nakertele oikeastaan mitään ja toiset taas tuhoavat hetkessä kaiken pahvisen mitä terraarioon laittaa. Duprasille olisikin hyvä ainakin alkuun tarjota paksu kerros puruja, jotta näet kaiveleeko duprasisi. Lisäksi terraariossa tulisi olla keraaminen ruokakuppi, juomapullo sekä piilopaikkoja, kuten pesä-mökkejä ja erilaisia keraamisia pesiä, joita saa eläinkaupoista.

Dupraseille voi antaa juoksupyörän ja monet duprasit juoksevatkin mielellään siinä. Kaikkein paras juoksupyörä on sellainen, jossa takaseinä on umpinainen, samoin juoksuosa. Etuosan olisi parasta olla täysin avoin ainakin, jos samassa terraariossa asuu useampia eläimiä. Näin estetään mahdolliset haaverit. Jos duprasi näyttää käyttävän kaiken aikansa juoksupyörässä, on pyörä hyvä poistaa, ettei pyörästä tule pakkomiel-lettä. Muussa tapauksessa se tarjoaa hyvän lisäliikuntamahdollisuuden dupraseille.

Duprasin turkki rasvoittuu helposti ja sille tulisi tarjota mahdollisuus säännöllisiin hiekkakylpyihin. Hiekkakylpyastiaa ei kannata pitää terraariossa jatkuvasti, koska eläimet luultavasti käyttävät sitä pidemmän päälle vessana tai täyttävät puruilla. Hiekan voi laittaa myös kuljetusboksiin ja nostaa duprasin sinne kylpemään. Dupraseille kannattaa myös tarjota nakerrettavaksi puiden oksia, jotka on kuumennettu uunissa mahdollisten ulkoloisten hävittämiseksi. Tämä toimii hyvänä virikkeenä ja pitää samalla hampaat sopivan mittaisina.

Ruokinta

Duprasit syövät samaa ruokaa kuin gerbii-lit: hyvänlaatuista gerbiileille tai hamstereille tarkoitettua siemenseosta tai hiiri-rottapellettiä ja vettä. Duprasit ovat kuitenkin taipuvaisia lihomaan, joten ruuassa ei saa olla liikaa rasvaisia ainesosia kuten auringonkukansiemeniä tai pähkinöitä. Duprasit syövät luonnossa paljon hyönteisiä ja niille olisikin hyvä tarjota myös eläinprote-iinia. Hyviä eläinproteiinin lähteitä ovat jauhomadot, kissan tai koiran kuivaruuat sekä lihapitoiset lastenruuat. Dupraseille voi tarjota myös kasviksia ja hedelmiä, joita etenkin alkuunsa kannattaa tarjota vain pieniä määriä kerrallaan. Duprasit ovat kotoi-sin kuivilta alueilta ja nopeasti tarjotut suu-ret, nestepitoiset ruoka-aineet voivat aiheuttaa ripulia.

Käyttäytyminen ja käsittely

Duprasit ovat tällä hetkellä lemmikkinä pidettävistä hyppymyyristä kaikkein ongel-mallisimpia käsittelyltään. Monet duprasit eivät ole käsiteltävissä vaan purevat. Urokset ovat yleensä naaraita rauhallisempia ja käsiteltävämpiä, mutta on sekä agressiivisia uroksia, että rauhallisia naaraita. Duprasia kannattaakin harkita lemmikiksi lähinnä, jos haluaa itselleen katselulemmikin, jonka puuhia on mukava seurailla. Eläintä ostaessa ei nimittäin koskaan voi tietää varmasti mitä saa. Poikasena hyvinkin kiltti ja helposti käsiteltävä eläin voi muuttua lyhyessä ajassa agressiiviseksi. Duprasia ei missään tilanteessa saa nostaa hännästä. Duprasia tulisi käsitellä laittamalla kädet sen alle. Jos duprasi puree, kannattaa käsitellessä käyttää nahkahansikkaita. Duprasit voivat olla jopa niin aggressiivisia, että purevat kättä ruokakuppia täyttäessä.

Duprasit ovat usein agressiivisia myös laji-tovereilleen. Tiedetään joitakin tapauksia, joissa sisarukset ovat eläneet sovussa yh-dessä, mutta useimmiten laumoissa tulee ennemmin tai myöhemmin jonkinlaista kiistaa yksilöiden välille.

Duprasit ovat hämäräaktiivisia, eli aloitta-vat puuhastelun yleensä vasta ilta-aikaan. Joskin duprasit saattavat satunnaisesti puu-hailla myös päiväaikaan ja jos niitä ruokkii päivisin, tulevat duprasit usein katsomaan mitä puuhailet.

Duprasit ääntelevät jonkin verran. Jos herätät sen kesken unien, kuulet todennäköi-sesti kiukkuista narinaa muistuttavaa ääntä. Pelätessään duprasit kiljuvat äänekkäästi. Urosduprasit merkitsevät ympäristöään sa-malla tapaan kuin gerbiilit ikään kuin laaha-ten vatsaansa maata vasten. Vatsassa sijaitsee hajurauhanen, jolla eläin merkitsee reviiriään.

Duprasit saavat poikasia

Duprasien lisääntyminen on hyvin ongelmallista, ja siksi tulisi harkita tarkkaan haluaako teettää välttämättä omilla dupraseillaan poikasia. Naaraat ovat hyvin reviiritietoisia ja ne eivät aina hyväksy urosta edes kiima-aikaan. Lisäksi naarailla tuntuu olevan jonkin verran ongelmia kantavaksi tulemisessa ja myös poikasten syöminen heti syntymän jälkeen on hyvin yleistä. Paras ikä teettää duprasinaaraalla poikasia on 5-12kk.

Uros ja naaras totutetaan toisiinsa tutustumishäkkiä käyttäen. Tällöin terraario joko jaetaan verkolla kahtia tai asetetaan pieni häkki terraarion sisään. Näin duprasit pääsevät vain haistelemaan toisiaan. Puolia vaihdellaan päivittäin, jotta eläinten hajut sekoittuvat. Naaraalta voi olla vaikea huomata kiimaa ja siksi eläimet usein täytyykin laittaa yhteen asumaan, vaikka siinä onkin vaaransa. Tilannetta kannattaa seurata tarkkaan, koska naaraat ovat useimmiten aggressiivisia urosta kohtaan hyvin pian astutuksen tapahduttua. Yleensä viimeistään synnytyksen lähestyessä naaras yrittää häätää uroksen reviiriltään.

Duprasin kantoaika on n. 19-22 vuorokautta ja poikasia syntyy kerralla 3-6. Poikaset syntyvät karvattomina ja silmät kiinni. Duprasit voidaan vieroittaa emostaan 5-6 viikon ikäisinä, jos naaras yrittää vieroittaa itse poikasiaan agressiivisesti. Poikaset ovat luovutusikäisiä kuitenkin vasta 8 viikon ikäisinä. Tällöin urokset ja naaraat tulee erotella toisistaan, koska duprasi tulee sukukypsäksi jo noin 2 kuukauden iässä. Sukupuolet erottaa helposti toisistaan. Uroksilla sukupuoliaukon ja peräaukon väli on selvästi pidempi kuin naarailla ja lisäksi luovutusikäisillä uroksilla näkyvät jo kivespussit.

Oma kokemus
Duprasit: Congo, Blondie ja Uni, sekä hoitokaverit: Taisto, Tuikku, Debbie ja Nukku-Ukko

Ensimmäisen duprasini taisin nähdä joskus näyttelyssä. Tosin en enää muista näinkö koko eläintä vaiko vaan boksin, jonka päälle oli teipattu lappu: "Eläin nukkuu suurimman osan ajasta ja saattaa herätettäessä olla hieman äreän oloinen". Ensimmäinen kunnon muistoni dupraseista on kun näin eläinkaupassa liudan pikkuisia dupraseja. Ne olivat kerrassaan huvittavan näköisiä kummajaisia, kun ne mennä vilistivät pienet pamppuhännät heiluen. Sieltä lähti mukaan pikkuinen duprasipoika Congo. Congosta tulikin seuraavien vuosien näyttelymenestys. Se oli pikkuinen hurmuri, joka vain makasi tuomarin kädellä kaikessa rauhassa. Congokin sai temperamenttia vanhemmiten ja näykki, kun ei enää olisi viihtynyt kädellä.

Congon jälkeen taloon saapui Blondie niminen naaras, joka löytyi samasta eläinkaupasta kuin Congo ja olikin Congon sisko. Eläinkaupassa vielä käsittelin sitä ja myyjät vakuuttivat tytön olevan mukava. Joskin todettiin: Eihän me niitä ehditä käsitellä niin paljon. Kotona Blondie osoittikin olevansa juuri sellainen kuin naaras duprasien kerrottiin olevan – se puri. Iän myötä Blondien reviiritietoisuus vain kasvoi ja se sai tietyllä tavalla huvittavatkin mittasuhteet. Pikkuinen pörröinen otus, joka piti aivan hirvittävää narinaa herätessään ja hyökkäili kättä kohti ruokakuppia täyttäessä, ei ehkä täyttänyt unelmalemmikin kriteerejä, mutta oli katselulemmikkinä mielenkiintoinen seurattava.

Jossain vaiheessa vannoin ja vakuutin itselleni, etteivät erakot eläimet sovi minulle. Rakastan eläinten laumaelämän seuraamista. Tämän oivallettuani vannoin ja vakuutin myös, etten ottaisi dupraseja enää. Toisin vaan kävi. Olin tuomaroimassa harvinaisia hyppymyyriä Turussa ja dupraseja nähdessäni muistin taas miten ihastuttavia ne olivatkaan. Samalla kuulin, että paikallisessa eläinkaupassa oli dupraseja myynnissä. Sieltä meille saapui duprasiherra Uni. Uni ei koskaan ollut Congon kaltainen hurmuri, mutta melko rauhallinen ja helppo käsitellä siltikin. Jostain syystä Uni vain ei voinut sietää, että sen niskaan kosketiin ja tästä syystä uros ei koskaan päätynyt näyttelyihin.

Myöhemmin meille saapui vielä neljän duprasin joukko, kun Lustrum Nukku-Ukko, Tuikku, Aavehaltian Debbie ja Lustrum Taisto tulivat meille hoitoon. Taisto hurmasi perheemme täysin hyvällä luonteellaan ja lapset rakastivat sen paijaamista. Nukku-Ukko taas osoitti, että äksyjä löytyy niin uroksissa kuin naaraissakin. Uhkasinpa pistää pystyyn duprasien suojelukoulutuksen Ukon roikkuessa hihassani.

7 duprasia, 7 erilaista persoonaa, toiset ovat olleet aktiivisia, toiset nukkuneet pääasiassa. Toiset ovat nakertaneet rikki kaiken mitä terraarioon on laitettu ja mihin hampaat ovat pystyneet, toiset taas välittäneet lähinnä syömisestä. Kaikki ovat asuneet samanlaisissa terraarioissa kuin gerbiilit ja syöneet samoja ruokia niiden kanssa. Suurin ero hoidossa on ollut erakkoluonne.

Paksuhiekkarotat

(Psammomys obesus)

Paksuhiekkarotat ovat uusimpia tulokkaita Suomen lemmikkimarkkinoilla. Näin ollen niiden hoidosta on Suomessa hyvin vähän kokemusta ja tiedossa olevat hoito-ohjeet pohjaavatkin ulkomailta tuleviin ohjeisiin. Koska paksuhiekkarotat ovat kuitenkin muualla maailmassakin vielä hyvin uusia lemmikkejä, muun muassa ruokintaohjeet tulevat luultavasti muuttumaan ajan kanssa. Tästä syystä paksuhiekkarotan omistajan tulee olla tarkkaavainen uusien ohjeiden suhteen.

Paksuhiekkarotat ovat nimestään huolimatta läheisempää sukua gerbiileille kuin rotille. Ulkonäöltään paksuhiekkarotta muistuttaa maaoravien sukulaista preeriakoiraa. Turkin väritys on agouti, kuitenkin sävyeroja esiintyy jonkin verran. Kooltaan paksuhiekkarotta on selvästi gerbiiliä suurempi ja aktiivisena eläimenä se tarvitsee paljon tilaa.

Kaikkein selvimmin paksuhiekkarotan hoito eroaa muista gerbiilin sukulaisista ruokintansa vuoksi. Oikeanlaisen ruokavalion noudattaminen vaatii jonkin verran paneutumista ja aikaa. Siksi paksuhiekkarottia ei voida suositella pienten lasten lemmikiksi. Jokaisen lemmikin ostajan tulisikin miettiä tarkkaan onko valmis näkemään ruokinnan vaivan. Jos asia mietityttää, kannattaa harkita muita eläimiä.

Paksuhiekkarotat elävät luonnossa yksin. Poikkeuksen tästä tekevät vain emonsa kanssa elävät nuoret yksilöt. Lemmikkinä paksuhiekkarottia on kuitenkin pidetty onnistuneesti yhdessä sisaruspareina. Paksuhiekkarotat ovat gerbiilien tapaan aktiivisia ympäri vuorokauden, nukkuen ja puuhaillen lyhyissä pätkissä niin päivällä kuin yölläkin.

Mitä paksuhiekkarotta tarvitsee?

Tärkeintä on hankkia riittävän iso terraario. Paksuhiekkarotan terraarion tulisi olla vähintään metrin pitkä, syvyyttä ja korkeutta 50cm. Mitä suurempi terraario on, sitä parempi. Terraariossa tulee olla paksulti purua, koska paksuhiekkarotat pitävät kaivelusta. Eläinten suuren koon vuoksi ohut kerros purua ei riitä mahdollistamaan tunnelien kaivelua. Sopiva purukerros on n. 25-30 senttiä. Kaikki paksuhiekkarotat eivät kuitenkaan välitä kaivelusta, jolloin vähempikin purumäärä riittää. Terraariossa olisi hyvä olla myös puisia tasoja, joille asettaa ruoka- ja vesikupit ja, joilla paksuhiekkarotat voivat kiipeillä ja loikoilla.

Paksuhiekkarotat virtsaavat huomattavasti gerbiilejä enemmän ja terraariota joutuukin siivoamaan huomattavasti useammin. Terraariota kannattaa siivota päivittäin, jolloin poistetaan vanhat ruuantähteet ja märimmät purut. Paksuhiekkarotat käyttävät yleensä paria paikkaa terraariosta vessanaan. Nämä kohdat on helppo puhdistaa päivittäin. Paksuhiekkarotat nauttivat hiekkakylpymahdollisuudesta. Kylpyhiekaksi soveltuu chinchilloille tarkoitettua hiekka. Astiaa ei kuitenkaan kannata pitää terraariossa jatkuvasti, muuten paksuhiekkarotat käyttävät sitä luultavasti vessanaan.

Paksuhiekkarotilla tulee olla myös piilopaikkoja, joiksi käyvät erilaiset pesäkopit ja putket. Näille eläimille sopivan kokoisia putkia saa esimerkiksi kangaskaupoista kyselemällä. Pahvilaatikoita ja oksia kannattaa antaa nakerreltavaksi. Wc- ja talouspaperista paksuhiekkarotat saavat rakennettua pehmoiset pesät. Terraariossa tulee olla keraaminen ruokakuppi ja vesiastia. Paksuhiekkarotille ei sovi juomapullo, koska juomaveteen lisätään suolaa, joka ruostuttaa metalliosia. Vesiastian tulee olla matala, jotta juominen onnistuu helposti.

Paksuhiekkarotille liikunta on hyvin tärkeää, koska nämä eläimet lihovat herkästi ja sen myötä sairastuvat. Näille voikin tarjota juoksupyörän, kunhan se on riittävän iso (halkaisija n. 30cm) sekä muuten turvallinen: umpinainen juoksuosa ja takaseinä, tukeva kiinnitys, eikä vaarallisia akseleita. Ison kokonsa ja aktiivisuutensa vuoksi eläimet tulisi päästää säännöllisesti jaloittelemaan joko juoksutusaitaukseen tai koko huoneeseen. Tällöin tulee kuitenkin valvoa "ulkoilua" koko ajan ja rajata riskit minimiin nostaen mm. sähköjohdot pois paksuhiekkarotan ulottuvilta.

Ruokinta

Paksuhiekkarottien luonnollinen ruokavalio sisältää poikkeuksellisen paljon suolaa, koska ne ovat kotoisin hiekkaisilta suolaaavikoilta. Ruokavalion liian pienen suolapitoisuuden on huomattu aiheuttavan paksuhiekkarotille terveysongelmia ja selvästi lyhentynyttä elinikää. Tästä syystä paksuhiekkarotille tarjotaan juomaksi suolaliuosta, jossa suolan osuus on 3%. Esimerkiksi litraan vettä sekoitetaan 30g merisuolaa. Suolan liukenemiseen menee jonkin aikaa ja siksikin kannattaa tehdä isompi määrä liuosta kerralla jääkaappiin. Kupissa oleva vesi tulee vaihtaa kerran päivässä tai vähintään joka toinen päivä.

Paksuhiekkarotat ovat hyvin herkkiä lihomiselle ja siksi ravinnon tulisi olla mahdollisimman vähäenergistä. Paksuhiekkarotat tarvitsevat runsaasti kuituja ja vähän proteiineja. Suositeltu ruokavalio sisältää päivässä 50g vähäenergisiä tuoreruokia: lehtisalaatti, jäävuorisalaatti, keräsalaatti, kukkakaali, parsakaali ja tuore pinaatti. Myös heinää tähkineen ja juurineen, voikukkaa, ratamoa, siankärsämöä, lehtipuiden oksia lehtineen ja mustikan varpuja saa antaa. Kaikkia makeita vihanneksia ja marjoja tulee välttää.

Paksuhiekkarotille tarjotaan myös pellettejä n. 5g vuorokaudessa. Paras vaihtoehto olisi alfalfa-pelletit, mutta niiden saatavuus Suomessa on huonoa. Myös chinchillapelletit käyvät. Pelleteissä tulisi olla runsaasti kuituja, mutta mahdollisimman vähän energiaa. Paksuhiekkarotilla tulee olla saatavilla jatkuvasti kuivaa heinää. Parasta on niin sanottu kesäheinä. Proteiinin lähteenä paksuhiekkarotille tarjotaan yksi rottahiiripelletti päivittäin tai jauhomato silloin tällöin. Kaikki paksuhiekkarotat eivät suostu hyönteisiä syömään. Jossain tutkimuksissa on todettu kanelin estävän diabeteksen syntyä ja osa paksuhiekkarottien omistajista ripotteleekin kanelia ruuan päälle silloin tällöin.

Käsittely

Paksuhiekkarottien käsittely on melko helppoa, koska ne ovat luonnostaan rauhallisia ja ystävällisiä. Monet paksuhiekkarotat tulevat itse kädelle, toiset taas voivat suhtautua käsittelyyn hieman vastahakoisesti. Kuten muidenkin jyrsijöiden kanssa, käsittelyn tulee olla varovaista ja rauhallista. Paksuhiekkarotta saattaa joskus hypätä aivan yllättäen ja siksi niitä olisikin hyvä käsitellä istuen joko lattialla tai vaikka sohvalla. Hännästä paksuhiekkarottaa ei saa koskaan nostaa. Kädet tulee viedä varovaisesti eläimen alle otettaessa kiinni. Ylhäältäpäin tarttuminen muistuttaa saaliseläintä varasta. Paksuhiekkarotta voi oppia tunnistamaan nimensä.

Paksuhiekkarotat saavat poikasia

Paksuhiekkarottien lisäännyttäminen ei ole helppoa. Ne vaativat oikeat olosuhteet, hyvin tarkan ruokinnan ja riittävästi tilaa lisääntyäkseen. Ilmeisesti melko iso osa uroksista on vankeudessa lisääntymiskyvyttömiä. Naaras kantaa poikasia n. 25 vuorokautta ja poikasia syntyy keskimäärin 3-4. Isommatkaan poikueet eivät ole tavattomia.

Poikaset ovat luovutusikäisiä 6-8 viikon ikäisinä.

Terveys

Paksuhiekkarotat ovat hyvin alttiita sairastumaan diabetekseen ja tähän liittyen saamaan kaihin. Kaihi, joka muuttaa silmät tai osan silmästä harmaan maitomaisiksi, onkin usein ensimmäisiä diabeteksen näkyviä merkkejä. Muita oireita ovat laihtuminen ja runsas juominen. Mahdollisten oireiden ilmaannuttua ota yhteyttä hyvin jyrsijöihin perehtyneeseen eläinlääkäriin. Apteekista on saatavilla myös testejä, joilla diabetestä voidaan testata kotona. Osa paksuhiekkarottien omistajista testaa omat eläimensä säännöllisesti varmuuden vuoksi.

Perpallidus *(Gerbillus Perpallidus)*

Perpallidus on Suomessa pisimpään lemmikkinä olleita gerbiilin sukulaisia. Viime vuosina sitä on myös kasvatettu runsaammin kuin muita harvinaisia hyppymyyriä. Perpallidusten hoito on hyvin pitkälle samanlaista kuin gerbiilien, mutta joitakin eroavaisuuksiakin löytyy. Koska perpalliduksista on paljon vähemmän kokemusta lemmikkeinä, näistäkin eläimistä opitaan varmasti vielä paljon uutta. Perpalliduksen kanssa samankaltaisia lajeja on useita ja siksi asiaan perehtymättömän voi olla vaikea varmistua eläimen lajista. Perpalliduksia myös myydään usein eläinkaupoissa väärällä nimellä, yleisimmin egyptin gerbiileinä, joita ei Suomessa ole luultavasti koskaan myynnissä ollut. Jossain tapauksissa myös egyptin gerbiilin sukulaista, pientä egyptin gerbiiliä on myyty perpalliduksena, mutta nämä lajit eroavat toisistaan selvästi koon puolesta. Pieni egyptin gerbiili on todellakin uskomattoman pieni. Lajien tunnista-

mista ei helpota se, että ilmeisesti ainakin osa lajeista risteytyy keskenään. Yleensä jälkikasvu on kuitenkin lisääntymiskyvyttömiä hybridejä. Tällaisia yhdistelmiä tulisi aina välttää.

Perpallidukset ovat melko helppohoitoisia, mutta pienen kokonsa ja siron luustonsa vuoksi ne eivät sovellu lemmikiksi kaikkein pienimmille lapsille. Perpallidukset ovat uteliaita ja melko vilkkaita, jonka vuoksi tottumaton voi kokea käsittelyn melko hankalaksi. Perpallidukset ovat väriltään haalean oransseja ja vatsa on valkoinen. Väriä kutsutaan black eyed argenteksi. Perpallidukset elävät n. 3-4 vuotiaiksi. Perpallidukset ovat laumaeläimiä ja paras vaihtoehto on pitää kahta samaa sukupuolta olevaa eläintä yhdessä.

Mitä perpallidus tarvitsee?
Paras asumus perpallidukselle on terraario. Terraarion kokovaatimukset ovat samat kuin gerbiileillä. 60cm*30cm*30cm terraa-

rio on sopiva kahdelle perpallidukselle, mutta mitä isompi terraario sitä parempi. Perpallidukset kaivelevat mielellään ja siksi niillä tulisikin olla paksu kerros purua. Myös haapahaketta voi käyttää kuivikkeena, jos perheessä on allergiataipumusta. Pesätarpeiksi tarjotaan vessa- tai talouspaperia ja heinää. Heinä ei ole pakollista.

Perpallidukset ovat melko ketteriä, joten niillä olisi hyvä olla erilaisia tasoja ja oksia missä kiipeillä. Oksat ovat myöskin hyvää nakerreltavaa. Kova purtava kuluttaa hampaita, jotka kasvavat läpi jyrsijän elämän. Lisäksi perpallidukset tarvitsevat keraamisen ruokakupin ja juomapullon. Juomapullon olisi hyvä olla lasia; muovisen pullon terhakkaina jyrsijöinä tunnetut perpallidukset saattavat rikkoa hetkessä. Perpalliduksilla tulee olla pesäkolo, jollaiseksi kelpaa pesämökki, kukkaruukku tai jokin keraaminen pesä millaisia löytyy eläinkaupoista. Virikkeeksi terraarioon on hyvä laittaa erilaisia pahvisia putkia ja laatikoita. Näin syntyy lisää piilopaikkoja ja perpalliduksilla riittää puuhattavaa.

Perpallidusten turkki on ohuempi kuin gerbiilien ja rasvoittuu helposti. Perpalliduksille tulisikin tarjota mahdollisuus säännöllisiin hiekkakylpyihin, joilla puhdistaa turkkia. Perpallidukset harvoin kieriskelevät hiekassa gerbiilien tavoin, mutta kaivellessaan hienoa hiekkaa sitä päätyy myös turkkiin. Hiekkaa ei kannata pitää koko ajan terraariossa, koska tällöin hiekka-astia usein vain täytetään puruilla. Astian voi asettaa silloin tällöin terraarioon joksikin aikaa tai sitten eläimet voi nostaa kuljetusboksiin, jonka pohjalla on hiekkaa.

Ruokinta

Perpallidukset syövät hyvin samanlaista ravintoa kuin gerbiilit. Perusravintoa ovat hyvä (gerbiileille tai hamstereille suunniteltu) siemenseos tai rotta-hiiripelletti ja raikas vesi. Perpallidukset ovat taipuvaisia pulskistumaan ja siksi kannattaakin olla tarkkana, ettei siemenseoksessa ole liikaa rasvaa sisältäviä auringonkukansiemeniä ja pähkinöitä. Perpallidukset voivat olla hyvin nirsoja tuoreruokien suhteen, mutta niillekin kannattaa tarjota vaihteluna vihanneksia ja hedelmiä, puuroja ja vauvansoseita. Perpallidusten olisi hyvä saada myös eläinvalkuaista, jota saa mm. kissan- ja koiran kuivaruokanappuloista, jauhomadoista sekä ruskistetusta tai kuivatusta jauhelihasta, jossa ei kuitenkaan saa olla lisättynä suolaa.

Käyttäytyminen ja käsittely

Perpallidukset ovat hyvin gerbiilimäisiä käytökseltään, mutta useimmiten hieman vilkkaampia. Perpallidusta ei tulisi koskaan tarttua hännästä. Eläin nostetaan viemällä kädet sen alle muodostaen ikään kuin kupin perpalliduksen ympärille. Koska perpallidus on rakenteeltaan hyvin siro, tulisi käsittelyn olla erityisen varovaista. Perpallidus voi täristä käsiteltäessä jännittäessään ympäristöään.

Perpallidukset ovat gerbiilien tapaan aktiivisia ympäri vuorokauden. Puuhailevat aktiivisesti aikansa ja torkkuvat sen jälkeen, kunnes puuhailu alkaa taas. Perpallidukset ovat hyvin uteliaita ja tulevat äkkiä kesken torkkujenkin katsomaan, jos lähistöllä tapahtuu jotain erikoista. Perpallidukset ovat selvästi laumaeläimiä ja sen näkee käyttäytymisestä: Eläimet viettävät aikaansa yhdessä pesten toistensa turkkeja ja nukkuen samassa kasassa.

Tutustuminen toiseen perpallidukseen

Perpallidukset tutustutetaan toisiinsa käyttäen tutustumishäkkiä. Tällöin joko terraario jaetaan verkolla kahtia, tai asetetaan terraarion sisälle pieni häkki. Perpallidukset asetetaan eri puolille tutustumishäkkiä ja ne pääsevät tekemään tuttavuutta haistelemalla pystymättä vahingoittamaan toisiaan. Eläinten puolia vaihdetaan päivittäin. Totuttamista kannattaa jatkaa ainakin viikko, jos ei kyse ole aivan pienistä yksilöistä. Eläimet päästetään yhteen puolueettomalla reviirillä ja niiden käytöstä tarkkaillaan jonkin aikaa. Jos eläimet suhtautuvat vielä parin tunnin yhdessä olon jälkeen toisiinsa varauksellisesti, kannattaa totutusta jatkaa. Tappelevat eläimet luonnollisesti erotetaan toisistaan välittömästi.

Perpallidukset saavat poikasia

Myös lisääntymisessä perpallidukset muistuttavat hyvin paljon gerbiilejä. Perpallidukset tulevat sukukypsiksi ilmeisesti jonkin verran gerbiilejä myöhemmin, noin 3-4 kuukauden iässä. Koska poikkeuksia tästä kuitenkin on, kannattaa urokset ja naaraat erotella toisistaan luovutusikäisinä. Perpallidusten annetaan kasvaa ainakin lähes täysikokoisiksi ennen poikasten teettämistä. Hyvä ikä naaraalle on viidestä kuukaudesta ylöspäin.

Uros ja naaras totutetaan toisiinsa käyttäen tutustumishäkkiä. Naaras suhtautuu urokseen yleensä sopuisasti kiima-aikaan. Muuten se voi olla agressiivinen vieraalle eläimelle. Astuminen kestää vain hetken, mutta toistuu useita kertoja. Uroksen ja naaraan kannattaa antaa olla yhdessä ihan rauhassa ainakin tunnin tai pari, useilla astumisilla naaras tulee kantavaksi todennäköisemmin.

Perpalliduksen kantoaika on n. 23-30 vuorokautta ja poikasia syntyy 1-8. Poikaset ovat syntyessään täysin karvattomia, sokeita ja avuttomia. Ne kehittyvät kuitenkin nopeasti, karva alkaa kasvaa jo ensimmäisinä päivinä ja silmät avautuvat noin kahden viikon iässä. Perpallidukset ovat luovutusikäisiä 6-8 viikon iässä. Tällöin sukupuolten pitäisi erottua toisistaan jo selvästi. Uroksen sukupuoliaukon ja peräaukon väli on selvästi pidempi kuin naaraan ja lisäksi

uroksilla näkyvät kivespussit.

Oma kokemus
Täysikuun Ajatus, Avustaja ja Agentti

Olin jo useamman vuoden puhunut siitä miten haluaisin hankkia perpalliduksia kotiini. Näitä eläimiä oli säännöllisesti näyttelyissä ja jotenkin hennon ruumiinrakenteen vuoksi arastelin niiden käsittelyä. Eräänä päivänä soitteli Helsingin Sanomien toimittaja, joka halusi tulla tekemään juttua harvinaisista hyppymyyristä. Koska perpallidukset olivat silloisista Suomessa olleista hyppymyyristä ainoat, joita minulla ei itselläni ollut, soittelin ystävälleni ja kyselin, että joutaisiko pari perpallidusta lainaan. Kasvattaja naureskeli, että poikia ei sitten tarvitse palauttaa. Pojat olivat myynnissä ja hän tiesi minun miettineen perpallidusten hankintaa jo jonkin aikaa. Naureskelin ajatukselle, mutta niinhän siinä sitten kävi. Seurattuani pari päivää puuhakkaita pikkuotuksia, en enää osannut kuvitella olevani ilman.

Perpallidukset osoittautuivat hyvin pitkälle gerbiilimäisiksi otuksiksi, joiden hoito ja käyttäytyminen olikin näin ollen jo hyvin tuttua. Pojista näki miten ne nauttivat yhdessä olosta. Minulla oli todellakin ollut omat ennakkoluuloni perpallidusten käsittelyn suhteen, mutta nämä pojat osoittivat kaikki pelkoni vääriksi. Loppujen lopuksi ne olivat mukavia ja rauhallisia käsitellä. Joskin perpalliduksilla on pahana tapana suorittaa melkoisia pomppuja säikähtäessään jotain yllättävää liikettä tai ääntä.

Pojat olivat ehtineet olla meillä jo melko pitkään, kun niille tuli kiistaa ilmeisesti lauman johtajuudesta. Riidat menivät niin pahaksi, että katsoin parhaaksi erottaa yhden pojista laumasta. Tuntui kurjalta pitää selvästi laumaeläintä yksinään, enkä toisaalta osannut kuitenkaan kuvitella hankkivani lisää perpalliduksia. Niinpä yksinäinen kaveri matkasi perpallidusten kasvatuksesta kiinnostuneelle jalostuskäyttöön. Toistaiseksi Ajatus, Avustaja ja Agentti ovat olleet ensimmäiset ja viimeiset perpallidukseni, mutta ajoittain huomaan miettiväni miten kiva pari perpallidusta olisikaan muun jyrsijälauman jatkona.

Persian jirdit *(Meriones Persicus)*

Persian jirdit ovat hyvin harvinaisia lemmikkejä niin Suomessa kuin muuallakin Euroopassa. Nämä hurmaavat eläimet ovat kuitenkin ihastuttaneet monia niihin tutustuneita. Persian jirdit kärsivät samasta ongelmasta kuin muutkin harvinaiset hyppymyyrät. Niitä tunnetaan vasta hyvin huonosti ja mm. eläinkaupoissa saatetaan myydä esimerkiksi shaweja persian jirdeinä.

Persian jirdit ovat gerbiilejä selvästi suurempia ja niillä on pitkä, voimakas häntä, jota koristaa tumma tupsu. Persian jirdit ovat väriltään agouteja. Niillä on hieman pitkät korvat ja suuret, mustat silmät. Koska persian jirdit ovat hyvin harvinaisia, niiden eliniästä vankeudessa on hyvin vähän todellista tietoa. Joidenkin lähteiden mukaan persian jirdit saattaisivat elää jopa 6-7 vuotta.

Mitä persian jirdi tarvitsee?

Kaikkein tärkeintä on, että persian jirdeillä on riittävän iso terraario (tilavuudeltaan vähintään 200l). Ne ovat vilkkaita eläimiä, jotka pitävät kiipeilystä, joten terraariossa tulisi olla myös korkeutta. Persian jirdeille olisi hyvä luoda mahdollisuuksia kiipeilyyn erilaisilla tasoilla, oksilla ja köysillä. Oksat tarjoavat kiipeilymahdollisuuksien lisäksi myös kovaa purtavaa, mikä onkin tärkeää koko eliniän kasvaville hampaille.

Hyvin tärkeitä ovat myös erilaiset piilopaikat kuten pesäkopit, putket ja pahvilaatikot. Eläinkaupoista löytyy myös erilaisia keraamisia pesiä, sekä puusiltoja, puuhanurkkia ja tikkaita, joita voi hyödyntää persian jirdien terraarion sisustuksessa. Paras kuivike on kutteripuru, mutta myös haapahake käy, jos perheessä on allergiataipumusta. Pesätarpeiksi on hyvä tarjota vessa- tai talouspaperia ja heinää. Persian jirdit tarvitsevat myös keraamisen ruokakupin sekä juomapullon.

Ruokinta

Persian jirdit syövät samaa ruokaa kuin gerbiilit. Perusruuaksi käy hyvälaatuinen joko gerbiileille tai hamstereille suunniteltu siemenseos tai rotta-hiiripelletti. Lisäksi tarjolla tulee aina olla raikasta vettä. Lisäksi voidaan tarjota kuivaa heinää ja erilaisia tuoreruokia. Sopivaa vaihtelua persian jirdin ruokavalioon tuovat erilaiset hedelmät, marjat ja vihannekset. Myös erilaisia puuroja, vauvansoseita ja vaikkapa keitettyä makaronia voi antaa. Hampaille voi tarjota kovaksi purtavaksi vaikka palan kuivaa leipää, näkkileipää (ei suuria määriä suolapitoisuuden vuoksi) tai koirankeksin.

Persian jirdit tarvitsevat myös eläinproteiinia, jota ne saavat esimerkiksi jauhomadoista, kissan tai koiran kuivaruokanappuloista tai ruskistetusta jauhelihasta, johon ei ole lisätty suolaa. Persian jirdit ovat kovia tekemään ruokavarastoja ja ruokakuppi voi olla monesti tyhjä, vaikkei eläin olisikaan kaikkea syönyt.

Käyttäytyminen ja käsittely

Persian jirdit ovat hyvin aktiivisia ja uteliaita otuksia. Ne ovat hyvin seurallisia ja siksi niitä tulisikin olla aina vähintään kaksi. Persian jirdit ovat hämäräaktiivisia, joten ne liikkuvat hyvin vähän päiväaikaan. Koska persian jirdit ovat hyvin aktiivisia ja yöeläimiä, ne soveltuvat huonosti pienille lapsille lemmikiksi.

Persian jirdit ovat yleensä hyvin kilttejä ihmistä kohtaan. Ne ovat vilkkaita, mutta silti helppoja käsitellä. Persian jirdiä ei saa nostaa hännästä vaan kädet viedään varovasti eläimen alle. Ylhäältä päin tulevan liikkeen pieni saaliseläin kokee helposti uhkaksi. Persian jirdit tykkäävät kiipeillä omistajansa vaatteissa, mutta ihmisen täytyy tällöin olla hyvin varovainen, ettei eläin pääse putoamaan.

Tutustuminen toiseen persian jirdiin

Persian jirdit totutetaan toisiinsa käyttäen tutustumishäkkiä. Tämä toteutetaan joko jakamalla terraario verkkoseinällä kahtia tai asettamalla hamsterihäkki terraarion sisälle. Näin jirdit saadaan erotettua eri puolille niin, että eläimet pääsevät haisteluetäisyydelle, mutteivät voi loukata toisiaan. Persian jirdien puolia vaihdellaan päivittäin. Jos kyseessä ovat nuoret eläimet, voi tottuminen käydä hyvinkin nopeasti. Aikuisten eläinten ollessa kyseessä kannattaa niitä pitää erillään ainakin ensimmäisen viikon ajan. Kun eläimet suhtautuvat toisiinsa rauhallisesti, voi ne päästää yhteen puolueettomalla reviirillä. Eläinten suhtautuessa toisiinsa selvästi varauksellisesti oltuaan jonkin aikaa yhdessä, kannattaa totutusta vielä jatkaa. Luonnollisesti tappelevat tai toisiaan jahtaavat eläimet erotetaan toisistaan. Jos eläimet pääsevät tappelemaan, kannattaa seuraavaa yhdistämistä lykätä ainakin viikko eteenpäin.

Persian jirdit saavat poikasia

Persian jirdit lisääntyvät vankeudessa kohtalaisen hyvin, mutta niillä on omat vaatimuksensa. Poikasia syntyy pääasiassa kevät-

ja kesäkuukausina sekä aikaisin syksyllä. Persian jirdit kantavat poikasiaan noin 28 päivää ja poikasia syntyy kerralla keskimäärin 5-7, mutta jopa 10 poikasen syntymä ei ole mahdottomuus. Emot hoitavat poikasensa yleensä hyvin ja ovat hyvin tarkkoja pesästään. Ne voivat ajaa muita eläimiä pois hyvin aggressiivisesti.

Poikasten silmät avautuvat noin 14 päivän iässä ja samoihin aikoihin ne aloittavat kiinteiden ruokien maistelun. Poikaset ovat luovutusiässä 8 viikkoisina, jolloin myös sukupuolten pitäisi olla helposti erotettavissa. Poikasia tulee käsitellä usein, jotta ne tottuvat ja oppivat luottamaan ihmisiin pienestä pitäen.

Shawin jirdi *(Meriones Shawi)*

Shawit tulivat Suomeen tiettävästi aivan 1990-luvun lopulla ja ne hurmasivat monet gerbiilien ystävät. Shawit muistuttavat gerbiilejä paljon niin ulkonäöltä, hoidolta kuin käytökseltäänkin. Ne suhtautuvat luottavaisesti ihmisiin, nauttivat rapsuttelusta ja kiipeilevät omistajan olkapäillä ja niskassa. Shawit ovat kuitenkin hyvin harvinaisia lemmikkeinä vaikean saatavuutensa vuoksi. Koska shawit ovat tuntemattomia ja harvinaisia, ei eläinkaupoissakaan aina tiedetä tarkaan mitä lajia ollaan myymässä. Shaweja on myyty ainakin crassuksina ja persian jirdeinä. Shawien kohdalla tunnistamista vaikeuttaa entisestään se, että shaweja on olemassa eri tyyppisiä, shawit muistuttavat melkoisesti ainakin *Meriones sacramentia* ja lisäksi shawit risteytyvät joidenkin muiden meriones-lajien kanssa. Ainakin crassus ja shawi pystyvät tuottamaan lisääntymiskyvyttömiä hybridi-poikasia. Tällaisten risteytymien tekoa tulisi kuitenkin aina välttää. Esimerkin crassus ja shawi ovat lajikäyttäytymiseltään hyvin erilaisia ja tämä voi olla poikasten kannalta melko ongelmallista.

Shawit ovat helppohoitoisia ja gerbiilien tapaan melko hajuttomia. Kun vielä ottaa huomioon niiden rauhallisen luonteen ja helpon käsiteltävyyden, ymmärtää hyvin miksi Shawit viehättävät monia. Shawit ovat väriltään agouteja. Jonkin verran on tavattu valkoisia otsa-

ja niskaspotteja sekä valkoista hännänpäätä. Shaweilla on tiettävästi myös pari muuta värimuunnosta. Suomalaisen kokemuksen perusteella shaweja suositellaan pidettäväksi yksittäin. Ainakin naaraat ovat hyvin reviiritietoisia, eivätkä siedä muita eläimiä alueellaan. Ulkomaalaisten lähteiden mukaan uroksia voitaisiin pitää pareittain, mutta ainakin Suomessa olleet shawi-urosparit ovat alkaneet nahistella ja tapella. Shawit elävät 3-5 vuotta, joskin Suomessa shawien eliniästä on varsin vähän todellista tietoa, koska kannassa on ollut pahoja hammasongelmia, jonka vuoksi eläimiä on jouduttu lopettamaan nuorena.

Mitä shawi tarvitsee?

Shawit tarvitsevat suuren terraarion (200l). Ne pitävät kaivelusta, joten puruja tulee olla runsaasti. Paras kuivike onkin kutteripuru, mutta myös haapahake tulee kyseeseen, jos perheessä on allergiataipumusta. Shawit ovat jonkin verran gerbiilejä ketterämpiä ja pitävät kiipeilystä ja erilaisista tasoista. Tästä syystä terraariossa on tärkeää olla korkeuttakin jonkin verran (vähintään 40-50cm). Terraario sisustetaan erilaisilla tasoilla, kiipeilyn mahdollistavilla oksilla sekä piilopaikoilla. Hyviä pesäkoloja ovat muun muassa puiset pesämökit ja erilaiset eläinkaupoista saatavat keraamiset pesät. Näiden tulee kuitenkin olla ns. rottakokoa, gerbiilille tai hamsterille tarkoitetut ovat liian pieniä. Shawit rakastavat putkia, joihin piiloutua. Sopivan kokoisia pahviputkia saa esimerkiksi kangaskaupoista kyselemällä.

Lisäksi terraariossa tulee olla keraaminen ruokakuppi ja vesipullo. Shawit tarvitsevat myös mahdollisuuden hiekkakylpyihin pari kertaa viikossa. Tämä toteutetaan parhaiten laittamalla hiekka-astia terraarioon vaikkapa puoleksi tunniksi tai nostamalla shawi joksikin aikaa kuljetusboksiin, jonka pohjalla on hiekkaa.

Ruokinta

Shawin ruokavalio on hyvin samankaltainen kuin gerbiilien. Paras perusruoka on hyvälaatuinen hamstereille tai gerbiileille suunniteltu siemenseos tai rotta-hiiripelletti ja vesi. Shawit ovat herkkiä lihomaan, joten siemenseoksen ei tulisi sisältää paljon rasvaisia auringonkukansiemeniä ja pähkinöitä. Shawien ruokavaliossa olisi hyvä olla myös eläinproteiinia. Hyviä lisiä ruokavalioon ovat mm. kissan tai koiran kuivaruokanappulat, ruskistettu jauheliha tai jauhomadot. Monet shawit ovat melkoisia herkkusuita mitä tulee tuoreruokiin. Shaweille kannattaakin tarjota erilaisia hedelmiä ja vihanneksia. Shawit keräävät ruokavarastoja ja siksi tuoreruuan kanssa tulee olla tarkkana. Piilossa pilaantuva tuoreruoka saattaa aiheuttaa shawille terveysriskin. Shaweille suositellaan annettavaksi erityisesti kovaa pureskeltavaa. Sopivia kovia purtavia ovat mm. koirankeksit ja kuiva leipä.

Käyttäytyminen ja käsittely

Shawit ovat käytökseltään hyvin gerbiilimäisiä, uteliaita ja puuhakkaita. Käsiteltäessä shawit ovat selvästi gerbiilejä rauhallisempia, viihtyvät useimmiten sylissä rapsuteltavana ja kiipeilevät omistajansa niskassa ja olkapäillä. Shawit ovat hyvin helppoja käsitellä, eikä terraariosta kiinni saaminenkaan yleensä ole ongelma. Shaweja ei saa koskaan nostaa hännästä vaan kädet tulee viedä pyydystäessä shawin alle.

Shawit ovat melko reviiritietoisia ja tästä syystä shaweja suositellaan pidettäväksi yksittäin. Shawit ovat gerbiilien tapaan aktiivisia ympäri vuorokauden. Niiden kanssa voi siis puuhailla hyvin päiväaikaankin. Shawit rummuttelevat takajaloillaan varoittaakseen lajitovereitaan. Rummutus liittyy myös pariutumiskäyttäytymiseen. Uros rummuttaa haistettuaan naaraan ja naaras rummuttaa houkutellakseen urosta astumaan. Shaweilla on vatsassa hajurauhanen, jolla eteenkin urokset merkitsevät reviirinsä laahaten mahaansa maata pitkin. Shawit ääntelevät jonkin verran, mutta äänet ovat pääasiassa niin korkeita, ettei ihminen kuule niitä.

Shawit saavat poikasia

Shaweja tarvitsee tai kannattaa hyvin harvoin tutustuttaa toisiinsa, jos niillä ei ole tarkoitusta teettää poikasia. Naaraat voivat olla hyvin aggressiivisia urosta kohtaan ja siksi totuttamisessa kannattaa käyttää ns. tutustumishäkkiä. Tutustuminen toteutetaan joko tiheällä verkolla kahtia jaetussa terraariossa tai terraariossa, jonka sisällä on pieni häkki. Häkin tulisi olla mahdollisimman tiheäpinnainen ja päälle kannattaa laittaa vaikka puulevy, joka estää tassujen ja hännän joutumisen häkin sisäpuolelle eläimen kiipeillessä häkin päällä. Shawit laitetaan siis verkon tai häkin eripuolille, jolloin ne pääsevät haistelemaan toisiaan ilman vaaraa. Puolia vaihdellaan päivittäin, jotta hajut sekoittuvat ja tutustuminen nopeutuu.

Kun eläimet tuntuvat suhtautuvan toisiinsa rauhallisesti tai naaraalla on selvästi kiima, voidaan eläimiä yrittää yhteen. Yleensä kiimassa oleva naaras hyväksyy uroksen ilman ongelmia. Jos kyseessä on hyvin nuori naaras, voidaan eläimiä pitää yhdessä pidempäänkin ja näin varmistella naaraas tulo kantavaksi. Vanhemman naaraan kohdalla kannattaa aina käyttää ns. astutusmenetelmää, jossa uros ja naaras ovat yhdessä vain kiiman ja sen aikana tapahtuvan astumisen ajan. Itse astuminen ei kestä kuin hetken, mutta toistuu useita kertoja kiiman aikana. Kiiman hiipuessa naaras käyttäytyy urosta kohtaan varautuneemmin ja saattaa vaikuttaa jopa aggressiiviselta. Tällöin eläimet erotetaan toisistaan.

Jos uros ja naaras asuvat yhdessä, ne kannattaa erottaa toisistaan ennen poikasten syntymää. Naaras on usein hyvin tarkka pesästään ja saattaa ajaa urosta pois todella aggressiivisesti. Lisäksi, jos uros ja naaras ovat yhdessä yhä poikasten synnyttyä, naaras tulee kiimaan useimmiten samana päivänä. Tällöin uros astuu sen uudelleen ja uudet poikaset syntyvät noin neljän viikon kuluttua. Shawinaaraat harvoin pystyvät hoitamaan kaksi poikuetta näin pienellä ikäerolla ja toinen poikue tulee hylätyksi.

Shawin raskaus kestää n. 24-26 päivää. Poikasia syntyy keskimäärin 3-4, mutta jopa 7 poikasen poikueita esiintyy. Poikaset syntyvät kaljuina ja avuttomina, mutta kehittyvät todella nopeasti. Jo 10 päivän ikäisenä poikaset vaeltavat sokeina pitkin terraariota. 16 päivän iässä silmät aukeavat ja samoihin aikoihin poikaset aloittavat kiinteiden ruokien maistelun. Poikaset ovat luovutusiässä 6-8 viikkoisina.

Oma kokemus

Hobitinkolon shawikasvatus

Näin elämäni ensimmäisen shawin eläinkaupassa Helsingissä. Kuuntelin myyjä kehuja siitä miten ihastuttavia eläimiä nämä ovat ja jäin miettimään voisiko tuollainen "jättiläisgerbiili" olla minun juttuni. Kun olin päässyt lopputulokseen, oli shawikin jo myyty. Seuraavaksi kuulin huhuja, että toisessa helsinkiläisessä eläinkaupassa olisi shaweja, joita kuitenkin myytiin crassuksina. Pakkohan niitä oli mennä katsomaan. Huhu piti paikkansa. Eläinkaupassa oli terraariollinen shaweja, jotka eivät näyttäneet viihtyvän yhdessä. Suurimmalla osalla oli puremia takaosassa ja hännässä.

Tuo otus sai nimekseen Pimeä Puoli ja siitä kehkeytyikin melkoinen hurmuri. Se nukkui tuomarin kädellä näyttelyssä ja istui olkapäälläni monet kerrat eri tilanteissa. Pimeä Puoli oli syy miksi rakastuin shaweihin ja halusin niitä lisää. Pikkuhiljaa meille kerääntyikin joukko shaweja ja haaveissa oli shawikasvatuksen aloittaminen. Pimeä Puoli sai tyttökaverikseen nuoren Tulisilmätyttösen ja pian Tulisilmä pyöräytti maailmaan neljä ihanaa pikkushawia. Kaikki näytti menevät hyvin, kunnes Tulisilmä oli eräänä yönä päättänyt ajaa Pimeän Puolen

pois reviiriltään. Pimeä löytyi terraariosta hyvin pahoin revittynä. Olin aivan varma, ettei Pimeä Puoli tuosta enää toipuisi ja varasin eläinlääkäriltä ajan lopetusta varten. Eläinlääkäri oli onneksi toista mieltä. Haavoja hoidettiin päivittäin ja Pimeä Puoli sai useita päiviä antibioottia pistoksina. Pimeä osoitti miten nopeasti pieni jyrsijä voi toipua. Parin viikon kuluttua se oli jo melkein entisellään.

Tulisilmän ja Pimeän Puolen poikasten kasvua oli ihana seurata vierestä. Ne olivat ulkoisesti hyvin samanlaisia kuin gerbiilit, isompia tosin, mutta käytös oli aivan erilaista. Poikasilla ei ollut minkäänlaista kirppuikää, jolloin olisi sinkoiltu vauhdilla sinne tänne, vaan jo melko pienet poikaset pysyivät hyvin kädellä nauttien rapsuttelusta. Tällöin viimeistään saatoin sanoa menettäneeni sydämeni näille hurmureille.

Onni shaweista ei kuitenkaan kestänyt kauan. Eräänä päivänä huomasin yhdeltä shawilta puuttuvan ylähampaat ja alahampaat kasvoivat vinoon. Eläinlääkäri epäili tapaturmaa ja lupasi, että uudet hampaat kasvavat kyllä, joten ei syytä huoleen. Uudet hampaat vain eivät kasvaneetkaan. Alahampaita lyhennettiin säännöllisesti ja kovia ruokia syömään tottunut jyrsijä eli erilaisilla soseilla ja veteen liotetuilla pelleteillä. Pikku hiljaa samanlaisia uutisia kuului myös muilta shawin omistajilta ja omassa laumassani shawi toisensa perässä pudotti ylähampaansa. Joissain tapauksissa ylähampaat kasvoivat takaisin, mutta vain katketakseen pian uudelleen.

Hampaiden lyhentäminen piti shawit hengissä, mutta stressasi eläimiä kovin. Aikaisemmin ihmisiin luottavaiset, sosiaaliset yksilöt muuttuivat varautuneiksi. Eläimet laihtuivat, eivätkä muutenkaan näyttäneet enää kovin hyvinvoivilta. Jonkin ajan kuluttua päädyin yhteen jyrsijäharrastukseni vai-

119

keimmista päätöksistä, shawit lähtivät lope-
tettavaksi.

Shawien hammasongelmista ei löydy ulko-
maisista lähteistä juurikaan mitään tietoa.
Tästä syystä on ihan mahdollista, etteivät
hammasongelmat ole shaweilla niin yleisiä
kuin suomalaisen kokemuksen puolesta
näyttää. Tiettävästi suurin osa Suomessa
olleista shaweista tuli yhdeltä yksityiseltä
kasvattajalta, joten on mahdollista, että tä-
mä kanta on vain yksinkertaisesti ollut sai-
ras. Ehkä taustalla on ollut tavallista ran-
kempaa sisäsiittoisuutta, sitä ei voi tietää.
Näiden ongelmien jälkeen Suomessa on ol-
lut hyvin vähän shaweja, mutta tiettävästi
ainakin yksi tämän jälkeen tullut pari, on
elänyt pitkän elämän ilman ongelmia.

Harvinaisista hyppymyyristä

Yleistä lopuksi

Koskaan ei voi liikaa korostaa, että nämä lajit ovat todellakin hyvin uusia lemmikkeinä ja siksi tiedot näistä eläimistä saattavat muuttua hyvinkin nopeasti. Ajankohtaisin tieto Suomessa on Suomen Gerbiiliyhdistys ry:llä, johon kannattaa ottaa yhteyttä, jos jokin asia mietityttää.

Suomeen tulee koko ajan lisää ja lisää uusia lemmikkejä. Erilaisuus kiehtoo monia ja eläimissä on uutuuden viehätystä. Näiden ei kuitenkaan koskaan pitäisi olla todellisia syitä ottaa eläin. Jyrsijöitä ostetaan kuitenkin yhä paljon hetken mielenjohteesta, on helppo ottaa eläinkaupasta mukaan tuo kummallinen otus, josta ei ole koskaan kuullutkaan. Koiran ostoa harkitaan yleensä pidempään ja on useimmiten selvää, että vaikka tanskandogi tuntuisikin ihastuttavalta persoonalta, sitä ei osteta pienen yksiön sohvan koristeeksi. Tai vaikka afgaanin vinttikoira olisi kuinka kaunis, ei sitä osta ihminen, joka ei halua käyttää turkin hoitoon kuin pienen hetken silloin tällöin. Samalla tavalla, jos haluaa melko helpon ja vaivattoman eläimen, ostaa gerbiilejä, ei paksuhiekkarottia. Jos haluaa vähän tilaa vievän eläimen ostaa ehkä kääpiöhamsterin tai duprasin, ei bushy tailed jirdiä tai crassusta.

Tässä esiteltyjen hyppymyyrien lisäksi gerbiilien sukulaisia on lemmikkeinä ainakin seuraavia lajeja: gerbillus campestris, gerbillus gerbillus (pieni egyptingerbiili), gerbillus pyramidium (iso egyptin gerbiili), gerbillus amoneus, gerbillus cheesmani, meriones libycus (libyan jirdi), meriones sacramenti ja tatera indica (intian gerbiili). Ainakin pientä egyptingerbiiliä on ollut Suomessakin lemmikkinä.

Sen sijaan jerboat (jaculus orientalis, jaculus jaculus), joita on tullut viime aikoina Suomeen lemmikiksi, eivät ole gerbiilin sukulaisia ulkonäöstään huolimatta. Eteenkin isojerboat ovat vielä vaativampia lemmikkeinä kuin tässä kuvatut jirdit ja degut.

Kun antaa pikkusormen, se vie koko käden. Moni gerbiilien ystävä huomaa jonakin päivänä harkitsevansa jonkin harvinaisen sukulaisen hankkimista kotiinsa. Lajeja on paljon ja kannattaa puhua mahdollisimman monien ihmisten, joilla on kokemusta näistä lajeista, kanssa. Se auttaa valitsemaan mikä on juuri se sopiva laji. Voi olla, että bushy tailedien käsittämätön ketteryys ja kaunis ulkonäkö lumoaa, crassuksen kiltteys ja rauhallisuus valtaa sydämen, duprasin pikkumyymäinen elämänasenne ihastuttaa, paksuhiekkarottien omanlaisensa olemus kiehtoo, persian jirdin luonne on kuin unelma tai perpalliduksen hento rakenne saa sinut pauloihinsa. Jos niin käy, ei ole kai muuta vaihtoehtoa kuin ottaa selvää, mitä tällä uudella ystävyydellä on molemmille tarjota. Jokainen eläinrakas haluaa tarjota lemmikilleen parhaan mahdollisen elämän, mutta miten paljon eläimiltä saakaan takaisin? Miten erilaisia olisimmekaan ilman lemmikkejämme?

Kuvissa esiintyvät eläimet

Lähteet ja asiantuntijat

Gerbiiliosiossa on käytetty apuna seuraavia internetsivustoja
Suomen Gerbiiliyhdistys ry:n internetsivut (http://www.gerbiiliyhdistys.fi)
Keskustelufoorumi Gerbiili.info (http://www.gerbiili.info/foorumi/index.php)

Gerbiiliosion kirjoittamisessa ovat avustaneet seuraavat henkilöt
Anni Kulmala, Gettiz'en Gerbiilikasvatus
Ari Vettenterä, Hobitinkolon Gerbiilikasvatus
Hanne Jokinen, Muad'Dib's Gerbiilikasvatus
Miia Karmakka, Usvaniityn Gerbiilikasvatus
Tea Gustafsson, Teelikan Gerbiilikasvatus
Lasse Gustafsson
Paula Latvakoski
Miitta Järvinen

Deguosiossa on käytetty apuna seuraavia internetsivustoja
Suomen Gerbiiliyhdistys ry:n internetsivut (http://www.gerbiiliyhdistys.fi)
Jenni Korhosen / Tiikerililjan degukasvatuksen internetsivut (http://tiikerililjan.net/)

Asiantuntijoina deguosuudessa apuna ovat olleet
Pia Vesala, Täysikuun Degukasvatus
Tia Rauhala, Mikä-Mikämaan Degukasvatus

Edellä mainittujen lisäksi deguosuuden kirjoittamisessa apuna ovat olleet
Ari Vettenterä, Hobitinkolon Gerbiilikasvatus
Hanne Jokinen, Muad'Dib's Gerbiilikasvatus
Mari Lintukallio
Miitta Järvinen

Harvinaisten hyppymyyrienosiossa on käytetty apuna seuraavia internetsivustoja
Suomen Gerbiiliyhdistys ry:n internetsivut (http://www.gerbiiliyhdistys.fi)
National Gerbil Sosietyn internetsivuja (http://www.gerbils.co.uk/)
eGerbil-internetsivustoa (http://www.egerbil.com/)

Asiantuntijoina harvinaisten hyppymyyrien osiossa ovat apuna olleet
Merja Hosio, Lustrum Gerbiili-, bushy tailed jird ja duprasikasvatus
Sirkku Alanne, Aavehaltian Gerbiili-, degu ja duprasikasvatus
Sinikka Jokela
Hanna Lindqvist

Kirjoittajan aktivoinnista vastasivat
Nessa, Melian ja Osse.

Suuri kiitos kaikille mukana olleille!

Hakemisto

www.ingramcontent.com/pod-product-compliance
Lightning Source LLC
Chambersburg PA
CBHW062354220526
45472CB00008B/1806